你的能力要学会用智慧表现出来

小故事大智慧

刘加平
著

吉林出版集团股份有限公司

图书在版编目（CIP）数据

你的能力要学会用智慧表现出来 / 刘加平著 . — 长春：吉林出版集团股份有限公司，2018.8

ISBN 978-7-5581-5607-6

Ⅰ . ①你… Ⅱ . ①刘… Ⅲ . ①成功心理 – 通俗读物 Ⅳ . ① B848.4-49

中国版本图书馆 CIP 数据核字（2018）第 181310 号

你的能力要学会用智慧表现出来

著　　者　刘加平
责任编辑　王　平　史俊南
开　　本　710mm × 1000mm　1/16
字　　数　260 千字
印　　张　18
版　　次　2018 年 11 月第 1 版
印　　次　2018 年 11 月第 1 次印刷

出　　版　吉林出版集团股份有限公司
电　　话　总编办：010-63109269
　　　　　发行部：010-67208886
印　　刷　三河市天润建兴印务有限公司

ISBN 978-7-5581-5607-6　　定价：45.00 元

目录
CONTENTS

第三辑 CHAPTER 03

随行就市，懂得变通

第四辑 CHAPTER 04

掌握面子的学问

第五辑 CHAPTER 05

自制内敛不坏事

第六辑 CHAPTER 06

开口之前细思量

第八辑 CHAPTER 08

观其人，识其心

自我保护
必不可少

1

在家里，在学校，单纯一点无所谓，因为有家长有师长在保护你。但是在步入社会之后就不能一味地单纯了，否则就会处处栽跟头。一个人知道了社会环境比他想象的要复杂得多，这时候才意味着他真正地长大了。在复杂的环境中，做个单纯的善良的人本没有错，但最起码，你要懂得保护自己，这样才能少栽跟头少受伤。

警惕提防之心不可无

在《荷马史诗》中记载了一位英雄阿喀琉斯的故事，他是希腊最有名的英雄，在特洛伊战争中杀死特洛伊主将赫克托尔，使希腊军转败为胜。

阿喀琉斯是众人崇拜的战神，血气方刚，是力量的化身，凡人是不可能战胜他的，但是，他最终却死在了特洛伊王子帕里斯之手。

原来是帕里斯收买了阿喀琉斯的仆人，知道了他的秘密：阿喀琉斯出生后就被母亲海洋女神忒提斯握住脚踵倒浸在冥河水中，经过冥河水的浸泡，他的周身刀枪不入，但只有未沾到冥河水的脚踵除外，只要脚踵被击中，他就难逃死亡的命运。

帕里斯知道了这个秘密后，施暗箭射中了阿喀琉斯的脚踵，夺去了英雄的生命。

在现实中，我们为人处世一定要善于隐藏自己，尤其在自己得意的时候，更要懂得隐藏的道理。很多单纯的人心里藏不住事，往往因为冲动而轻易暴露了自己的“阿喀琉斯之踵”，成为别人攻击的目标和靶子，因此而输掉了人生的很多机会。

人生中并非所有真相都可以讲。真诚固然可贵，却不是人人都是以诚相待。冲动是泄露秘密的门缝，随意亮出自己底牌的人可能会招致致命的攻击。只有适当地保守一定的秘密，才能趋吉避凶、万事大吉。

把底牌攥在自己手里，就可以隐藏实力，别人永远搞不清楚你到底有多少斤两，而这就是你在关键时刻反败为胜的本钱。

宋高宗赵构与秦桧可以说是天作地合的一对昏君奸臣，他们在卖国乞降，认敌作父，迫害民族英雄岳飞等罪恶活动中，臭味相投、沆瀣一气，宋高宗因秦桧办事得力，赋予他以极大的权力，由他独任宰相十八九年，并加封他为太师、建康郡王，举凡朝廷的内政外交，全由秦桧做主。秦桧的儿子秦熺、孙子秦埙也因一人得道而鸡犬升天，被封以高官。

表面上看起来，宋高宗对秦桧真是宠信无比、恩礼有加，对他一定不会怀有什么猜忌了。其实完全不是这样。秦桧由于长期专擅朝政，朝廷各个要害部门，都由他的心腹、党羽把持，连高宗身边贴身侍从和御医都是秦桧的人，宋高宗的一举一动他们都要随时向秦桧报告。宋高宗虽然在政治上昏聩，在对敌斗争上软弱，但是他并不傻，他知道自己被秦桧的势力所包围和控制。可是他不能对秦桧采取行动，因为秦桧有金人做后台，得罪不起，他只有把对秦桧的猜忌与不满深深藏在心底。为了防止遭到秦桧的暗害，他每次上朝时，都在靴子中藏着一把短刀，以做防身之用，这在中国古代的皇帝中也算得上是独一无二的了。

公元1155年，66岁的秦桧老病交加，眼看将要命归西天，他希望将相位传给他的儿子。秦熺及秦氏党羽也四处活动，希望由秦熺接父亲的班。

宋高宗表现出对秦桧十分关怀的样子，在秦桧咽气的前一天，他大驾亲临秦桧的宰相府，探视病情。此时秦桧虽然还有一口气在喘，却已经说不出话了，宋高宗解下自己的红手帕亲自为秦桧擦拭眼泪，仿佛恋恋不舍，可当秦熺问起由谁来接任宰相时，宋高宗冷冷地回答了他一句："这种事情你不应该打听。"

离开秦府当晚，宋高宗立即令人起草了一份诏书，解除秦桧祖孙三人的一切职务。第二天一早，便将这道诏书颁布于朝堂，可谓迅雷不及掩耳。当天夜里，秦桧便一命呜呼了。消息传来，宋高宗长出一口气，拔出了靴中的短刀说："从今以后，我再也不用靴中藏刀了。"

宋高宗作为一个皇帝，说来也真够可怜，外受欺于强敌，内受制于权臣，一辈子也没有抖一抖帝王的威风，发一发雷霆之怒，只是在秦桧死了之后，才敢舒展地出一口气。

中国古代有这样一个故事：传说猫曾做虎的师父，教它诸如发威、怒吼、卷尾、剪扑之技，但猫考虑到虎比自己庞大几十倍，若是日后它欲加害自己该怎么办，于是就保留了一手爬树的技巧，没有把这个绝活教给老虎。果然学会本领不久老虎就翻脸了，一怒之下想扑食它的猫师父，猫嗖地蹿上树顶，老虎没想到猫竟然还留了这样一手绝活，它抬头望着树上得意洋洋的猫无计可施。

在现实中，上司受制于下属，老实人反被朋友陷害的事例不胜枚举。我们警惕提防，是防患于未然。假如猫因师徒情义，老老实实地把本领全部传授给虎，恐怕就要成为虎口之食了。我们不主张去害别人，但存有防范之心，睁着一只眼睛睡觉，无论如何都是必须的。

世事险恶，人心叵测，所谓“防人之心不可无”。人生如战场，与人交往，难免会遇到出卖、中伤、陷阱等防不胜防的事情。所以我们不能以己度人，以为别人也都是忠厚老实的，而要时时警惕提防，睡觉也睁一只眼，以确保安然无恙。

别拿假心当真心

在同陌生人打交道时，单纯的人习惯于从外表来判断人，很容易对那些风度潇洒、仪表堂堂的人产生好感。而骗子们往往都是“心理学家”，他们十分注意研究人们的心理，并善于利用人们图慕虚荣、追求美貌的心理而精心用华美庄重的服饰包装自己，把自己伪装成事业的强者、职位上的优者、经济上的阔者，以唬人的名片、风雅的谈吐、诱人的许诺，借以构成心理上的“障眼法”借以蒙蔽他人，诱人上当。因此，在同陌生人打交道时，要提高警惕，绝不要被其外表所蒙骗。

如果碰上的是老实人，你们一见如故，把“老底”全都抖给对方，也许从此你们会成为知心朋友；但在现实中，更多的情况是：你把心交给他，他也把心掏出来的人不太多，而且也有的人掏出来的根本就是“假心”。若这种人又别有居心，刚好利用了你的弱点，那么，吃亏受伤害的一定是你自己。

李厂长出差的时候在火车上遇见一位“港商”，二人一见如故，互换了名片。这位港商举手投足之间都显示一种贵族气质，这使李厂长对其身份毫不怀疑。恰巧二人的目的地相同，港商又对李厂长的产品非常感兴趣，似有合作意向，李厂长便与之同住一个宾馆。吃饭、出行几乎都在一起。这一天，李厂长与一客户谈成了一笔生意，取出大笔现金放在包里。午饭后与港商在自己屋里聊天，不久李厂长起身去卫生间，回来时出了一身冷汗：港商和那个装满钱的皮包都不见了！李厂长赶紧报警，几天后案子破了，罪犯被抓获后才知道，原来他并不是什么港商，而是一个职业骗子。这让李厂长对自己的轻易相信他人、交出自己底细的做法痛悔不已。

像李厂长这种被人摸清底细钻了空子的事情几乎时有所闻。而“港商”的骗术仅在于：他交出“假心”，以此诱骗你交出“真心”。而你不知江湖险恶，就心实厚道地什么都对他说了。所以，在这一点上我们有必要吸取教训，换一种不那么“实心眼儿”的做人态度。

孔子曰：“不得其人而言，谓之失言。”对方倘不是深相知的人，你也畅所欲言，吐露真心，对方的反应是什么呢？你说的话，是属于你自己的事，谁愿意听你不停地唠叨？彼此关系浅薄，你若一味与之深谈，则显出你没有修养；如果你与对方只是泛泛之交，可你说的又偏偏是那种让对方很难堪的纠正其过失的话，硬要充当他的诤友，则显出你的冒昧！所以，和人初见面，或才见过几次面，就算你觉得这个人不错，而你也喜欢他，也不该把你的心一下子就掏出来。而是要“逢人只说三分话，不可全交一片心”，这个意思就是说，与人说话要讲究方圆曲直，该说的说，不该说的就不要开口，对你还不了解的人，无论说话或行为，都要有所保留，不可一厢情愿地把心掏出来。

人与人的性格不同，有的人热情奔放，遇到同样热情的你，会有一见如故的感觉，可有的人却相对谨慎保守，与人交往常常存有戒心，即使你对他很有好感，但毕竟是初交，缺乏更深切的本能性的了解，你如果一下子就过于热情地把心掏出来，甚至过早地与对方讲深交、讨好的话，反倒可能会导致“出力不讨好”的局面。因为他怀疑你这么坦诚是另有目的的。如果是这样，你可能会弄巧成拙，断送了有可能发展的情谊。因此，与人交往，与其把心一下子掏出来，不如慢慢观察对方，你可以真诚、坦荡，但绝不可急着把感情全都投放进去，要给自己，同时也给对方留一些空间作为思考、缓冲，等到有了一定的了解之后再“交心”，那么一切就好办了。

也许有人会问，人在社会中必须交际，而交际就必须说话，你总是怀疑这个，防备那个，像个“装在套子里的人”，这也不说，那也不说，又怎么能广交朋友多铺路呢？还有，不是有一句古话叫“事无不可对人言”吗？你这么教导我们，不是和老祖宗留下的观点相左吗？我们到底该听谁的呢？是的，古人说得没错，但他的那个“事无不可对人言”，也并不是什么事都要口无遮拦地说出去，而是指当你遇到该说的人，在该说的时候，适当地说一些，这与一个人的道德水准是无关的。心直口快，不加掩饰，对人肝胆相照，是单纯人的共同特征。

人既是理性的人，又是情感的人，又怎能不向别人倾诉呢？这种问题就需要由自己来正确把握了。人在交际中，可说三分话，可试探性地交心，以有备无患的姿态开放心怀，不要总是像一个就医的牙病患者坐在牙科医生的面前那样，总是尽量地张大嘴巴。做人和就医不一样，在做人处世中，即使是一个最简单的事情也要养成深思熟虑的习惯，在你张开自己的嘴巴之前，要尽量了解其他人的观点。这当然要花费一点精力，但为了取得好的结果，是值得去努力的。只有这样，才有可能在交际中掌握主动，左右逢源，而光凭老实认真是走不通的。如果你一味单纯耿直，不知用晦于明、藏巧于拙，那么最终只能搬起石头砸自己的脚。

罗曼·罗兰说："每个人的心底，都有一座埋藏记忆的小岛，永不向人打开。"马克·吐温也说过："每个人像一轮明月，他有呈现光明的一面，但另有黑暗的一面从来不会给别人看到。"

别用老实对付不老实

“耍滑头”是对付那些不老实之人很有效的方法，有点类似于以其人之道还治其人之身。对手不老实，不守规则，你若还老实以对，就只有吃哑巴亏了。

但如果对手已经占了先机，而你又一味地冒进，只能招致更大的惨败，这时候，就要从主观上采取积极的态度，而不是消极地等待；在选择对策时，应当审时度势，有条件地选择改造环境的条件，无条件地选择改造自身的办法。这样才能既不想入非非，又不自暴自弃，从而找到解决问题的最佳方案。当此之时，学会退让之术，以退为进，伺机扳回局面，无疑是上上之选。俗话说：退一步海阔天空。要退，必先学会忍。事实上，退是另一种方式的进，暂时退却，养精蓄锐，以待时机，这样的退后再进则会更快、更好、更有效、更有力的反击。忍住一时的欲望，暂时放弃某些有碍大局的目标，是为了最后实现最大的成功。这退中本身已包含了进，这种退也是一种进取的策略。

“尽人力，听天命”。这句话虽然有点唯心，但绝不是没有一点道理。努力了，你至少拥有一半的成功概率，而听之任之，就此沉沦的结果只能是死路一条。其实，机会永远存在，只要你还活着，你就有希望对既定的事情有所改变。所以，不要轻言放弃，希望在你的努力中产生，并在努力中实现。

民国时期，在上海有家当铺。掌柜的是位年逾六旬的老板，他经营四五十年，收徒不下百余人，同行中人都尊敬地称他老前辈。然而，这位老前辈谨慎一生，疏忽一时，在一次典当中受了骗。

一日午后，老前辈静坐于柜中。这时忽来一人，郑重地取出一颗大似红枣，且精圆光润的东珠，要求典当，老前辈细看那珠，真乃千金珍品，遂邀请来人入内室商量质价。来人坚决索要500元，老前辈还以300元，双方讨价还价。最后，来人声称急用，请老前辈加到450元，另以小珠20颗再加50元，凑成500元。他顺手取出小珠一颗，说道："其他19颗等我回店再取来。"老前辈答应了。过不多时，那人果然手持一盒又来，把小盒递给老前辈，说道："这盒里共50粒，请您细细选之。"老前辈全神贯注地在盒内精选小珍珠，那人则在一旁，冷嘲热讽，继而说道："您的缜密，可谓到家了，还是请您先收起东珠，不要光在小珠上斤斤计较，须知我一周之后，即来赎取的。"老前辈闻言，顿时感到惭愧，忙将大小珠一起收藏，然后取出钞票，交给对方，那人走后，老前辈遂将东珠重新审视一番，顿时大惊失色：原来所谓东珠是赝品。老前辈努力回忆方才情景，断定骗子原来持有的珍珠是真的，后来利用他挑选小珠的机会，以假珠换了真珠，异常的巧妙，因而得手。

老前辈受了诈骗，心中怏怏不乐，更觉从此名声扫地。为了挽回名声和那笔钱款，他心生一计：他用假货骗我，我也以假珠骗他。想到这里，遂去谒见典东，自请辞职。

临行的前一日，老前辈忽然发了大批请帖，将典当同行和珠宝业中的代表，共100余人，邀至某大餐馆设宴话别。席间，老前辈取出伪珠，道出原委，客人们接过珍珠相互传观，连连称赞！

珍珠制造极精巧，虽然是假货，但很难分辨，老前辈起身，对众宾客道："老夫一世英名，断送于此；毕生积蓄，赔了一半。这是我一时疏忽，咎由自取，不须怨天尤人。但是，那个骗子手握如此精巧的伪珠，更用种种骗术乘人不备，老夫恐怕众人上当受骗，所以在我辞职归家之前捣碎此珠，斩草除根，永绝后患，以解我心头之气！"言毕，手持铁锤，猛力一击，伪珠顿时粉碎，座客掌声四起，老前辈仰头哈哈大笑。随后宾主干杯，尽情畅饮。第二天，老前辈佯装身体不舒服，暂缓动身。中午，忽来一人，将手中的当票交与店员，要求核算本利，店员接过一看，正是老前辈受骗的那笔生意！心里不免一惊，昨日那颗伪珠已被当众砸碎，这可怎么办！想到这里忙到内室找老前辈，惊叫道："老前辈，大事不好了，那人来赎东珠了。"老前辈听了，大喜道："他果然来了，我知道他一定会来！"当即取出原珠，让店员交还来人。那人端详了好一会，默默无言，赎回后转身离去。这时，店员很感奇怪，昨日眼见此珠已被击碎，今日怎会完整如初?

原来，老前辈席间传观的是那人的原物。而后砸碎的，则是预先准备好的另一颗假珠。在座诸人并没觉察到，但那骗子听到这个消息，贪心再起，故而持票取赎，借此大敲竹杠，哪里知道却中了老前辈的圈套！与狡猾的对手周旋更不能老实认真，不但要假装愚笨耍滑头，而且这滑头要耍得有技巧，够水平，这样才能使对手既不甘心，又无可奈何。

耍滑头尽管不是老实认真的态度，但是正是用这种方法，才能制服对手，才能在明争暗斗中自保，才能在周旋中赢取主动，并且最终取胜。

不管没有谁愿意承认自己“滑头”，都愿说自己老实忠厚，做人认真，但是，真正在现实中遇到棘手的事情时，人们总是拿起“滑头”的法宝，并且在困难迎刃而解、万事大吉之时，“滑头”也会变成“聪明”的美誉了。所以，这种换一种态度做人的方法，无疑是每一个人都应当学会的。

防身锋芒不可少

动物世界里的法则是弱肉强食，其实对于人类来说，也未尝不是如此，只不过它在人类社会里不那么赤裸裸罢了。许多老实人认为："人欺天不欺"，自我安慰老天爷终究是不会亏待自己的；还有一些人认为，吃亏就是占便宜，虽然吃了小亏，但有可能占到大便宜。这种阿Q式的精神胜利法，会使你在别人的眼里天生就是个逆来顺受、老实可欺之人。在我们身边的环境里到处都有这样的受气者，他们看起来软弱可欺，也确实为人所欺。"人善被人欺，马善被人骑"，"吃柿子拣软的捏"，一个人的老实软弱事实上助长和纵容了别人侵犯你的欲望。人们发火撒气往往找那些老实善良者，因为大家都清楚，这样做并不会招致什么值得忧虑的后果。

有时候不是事情本身给我们带来了不幸，而是我们自己给自身加上去的不幸。人们习惯于给自己一个定位——世间的种种幸福，以及种种高等的物质享受，那都不是我能拥有的，那些东西，是另一阶层中的人才能享受的。这种画地为牢的做法，让我们自己都认为自己是不能与别人相提并论的，自己是属于下等阶层的。

这种病态的思想，足以使人生命活力的泉源趋于枯竭，而终至于死亡。能够医好疾病的，只有乐观的期待与坚强的信仰。我们期待什么，就能得到什么，假如我们一点儿也不期待，即一点也不能得到。

所以我们要知道转变做人态度的重要，不要过分老实软弱以至对别人心怀敬畏。没有谁能超越人性的局限。杀人犯也怕被杀，权威只是一种地位带来的表面力量而已。

人是应该有锋芒的，虽然不必像刺猬那样全副武装，浑身带刺，至少也要让那些凶猛的动物们感到无从下口，得不偿失。

如果你是一个从不发火的君子，那请务必勇敢地进行一次真正地反抗，改变受气包的形象。许多人选择了忍气吞声的生存方式，往往是由于他们患得患失，怕这怕那，自己在主观上先被吓倒了。

无数的事实证明，挺身而出，捍卫自己的正当权益其实是再自然不过的事了，跨过这道门槛，你会发现，没有什么大不了的。转换了人生态度，你反而会活得更加自在。

不敢进行第一次反抗，就不会有第二次反抗的发生，因为你永远不知道反抗胜利的滋味有多么好。而有了第一次的反抗，尝到了其中的美妙，你自然就有动力去进行更多次的反抗。久而久之，你就会修正你的心理模式和社会交往方式，由一个甘心受气、只能受气的人，变成一个不愿受气的人。

有这样一个故事，某大学一个班级里，有一位学生比较胆小老实，遇事过分忍让，因此，虽然班里的绝大多数同学对他并无恶意，但在不知不觉中总是把他当做是一个理所当然应该牺牲个人利益的人，看电影时他的票被别人拿走，春游时他被分配给看管包的任务……但在实际上，他心里非常渴望与别人一样，得到属于自己的那份利益与欢乐。由于他的老实软弱和极度的忍耐，这种事情一直持续了很久。但终于有一天，他忍无可忍了，一向木讷的他来了个总爆发，原来一场十分精彩的演出又没有他的票。他脸色铁青，雷霆万钧，激动的声音使所有人都惊呆了。虽然那场演出的票很少，但是这位同学还是在众目睽睽之下拿走了两张票，摔门而去。大家在惊讶之余似乎也领悟到了什么。但不管怎么说，在后来的日子里，大家对他的态度似乎好多了，再没有人敢未经他的同意便轻易地拿走他的什么东西了。

任何事都怕成定势，假如你老是身感卑微、自甘低下，老是对你自己没有多大的期待，老是不相信世间的种种幸福是可以属于你的，一旦造成这种结果，你就会像立在田地里的稻草人一样，连小鸟都敢在你头上拉屎，你自然只能渺小卑微直到老死。在这种情况下，老实就真的是无能、沉默确实是懦弱的表现了。如果你心中因做人见人捏的软柿子而感到窝囊，就勇敢地爆发一回，让自己变成钢铁和石头，彻底摆脱被吃掉的命运。

别滥用你的同情之心

农夫和蛇的故事给我们带来的启示是：善良和同情如果施与了恶人，不但不会得到回报，还会反受其害。

我们通常把那种没有是非、不讲原则的盲目的“爱”称为“妇人之仁”。“妇人之仁”虽然在一定的范围内可以发挥很大的感化力量，但更多的时候是你的“妇人之仁”不但没有感动他，反而让他有另外的机会犯下更多恶行，不但对别人造成更多的伤害，而且可能成为他置你于死地的刀斧。

在人性的丛林里，“妇人之仁”却常常会成为一个人生存的负担，甚至是致命弱点。

“妇人之仁”因为容易动摇意志与理性，会弄得你是非不分，常在你放弃了自己立场之后，又反过来伤害了你自己。“妇人之仁”一旦成为了你的弱点，你就会成为人人想利用的目标，在眼泪、温情、请求、孩子似的无辜与可怜之下，你将成为最大的受害者。

因此，有“妇人之仁”不一定是好事。可是，天生心软的人怎么办？难道注定要在人性的丛林里做个被利用者吗？这种人应该要训练自己的思考与判断，用理性和智慧来指引你的行为，而不要让感情牵动；要经过某种历练，才能成长、成熟，变得越来越果断。

公元前638年，宋襄公攻打郑国，作为郑国盟国的楚国当然不会袖手旁观，楚王派成得臣为大将、斗勃为副将向宋国杀去。

宋襄公与司马子鱼紧急研究对策，司马子鱼问宋襄公靠什么取胜，宋襄公回答说：“我国虽然兵甲不足，但仁义有余。从前武王只有三千猛士，却战胜了殷纣王的上万军队，靠的完全是仁义。”

于是，宋襄公在战书的末尾批上十一月初一，双方在泓阳交战。又命令制作一面大旗插在大车上，旗上写着“仁义”两个大字。司马子鱼暗暗叫苦不迭，私下里对乐仆伊说：“战争本来就是谋略运用与厮杀，如今却说仁义，我不知道我们国君的仁义在什么地方啊？上天夺去了主君的灵魂，我认为已经很危险了！我们一定要小心行事，不使国家灭亡就万幸了。”

楚军成得臣在泓水岸北驻扎，大将斗勃请令说：“我军应五更时渡河，以防宋兵布好战阵攻击我军。”成得臣一笑说：“宋襄公做事迂腐至极，一点不懂兵法。我军早渡河早交战，晚渡河晚交战，有什么可担心的呢？”天亮以后，楚军才陆续开始渡河。

司马子鱼请宋襄公下令出击，并说：“楚军在天亮才渡河，过于轻敌。我们应该乘他们没渡完，冲上前去厮杀，是以我们全军攻击他们的部分，如果让他们全部渡过河来，楚兵多我军少，恐怕不能得胜，您看怎样？”宋襄公指着那面“仁义”大旗说：“你看见‘仁义’两字了吗？我堂堂正义之师，岂有乘敌军渡一半而出击的道理？”司马子鱼又暗暗叫苦。一会儿工夫，楚兵全都渡过了河。成得臣戴着精美的帽子，上面扎着玉缨，上身绣袍，外着软甲，腰挂雕弓，手执长鞭，指挥士兵东西布阵，气宇轩昂，旁若无人。司马子鱼又对宋襄公说：“楚军正在布阵，尚未形成队列，现在立即击鼓进攻，楚军一定会大乱。”宋襄公往他脸上吐了一口唾沫呵斥道：“呸！你贪图一次冲锋获得的小利，就不怕不配千秋万代的仁义之名吗？我堂堂正义之师，岂有乘敌人没列成阵就进攻的道理？”司马子鱼只能再次暗暗叫苦。楚兵摆好阵势，只见人强马壮，漫山遍野，宋军人人面带惧色。此时，宋襄公才下令击鼓，楚军中也响起战鼓声，宋襄公自己举着长矛和护卫的官兵催马向楚阵冲来。

成得臣见宋兵来攻，暗自传下号令，打开阵门，只放宋襄公一阵车马进阵。经过一阵冲杀，宋军大败，那面“仁义”大旗也被楚军夺走。宋襄公身上受了许多伤，右腿中箭，折断了膝中之箭，已站不起身来。幸好司马子鱼起来，把他扶到自己车上，并且用自己的身体挡在前面，奋勇向外冲出。等到冲出楚阵，护卫的官兵已没有一个活着。宋军的战车兵甲，大部丧失。成得臣乘胜追击，宋军大败。司马子鱼与宋襄公连夜逃回都城，不久，宋襄公伤重而亡。宋兵死的人很多，他们的父母妻子都聚在一起讥讽宋襄公，埋怨他不听司马子鱼的话，以致有此大败。令人可笑的是，宋襄公至死不悟，对于国人的埋怨感叹道："君子不两次杀伤别人，不擒拿头发黑白相杂年纪大的人。我要用仁义带兵，岂能仿效这种乘别人危险而行动的事情？"简直迂腐到了极点。凡是敌人，能俘虏的就应该俘虏，还分什么年纪大年纪小？受了伤的敌人而不放下武器，你不杀他他也不杀你吗？何况当时宋军正被楚军打得落花流水，哪里还谈得上杀楚军的伤兵和俘虏楚军的"二毛"呢？举国上下，没有不讥笑他的。

心慈手软对政治家、军事家来说，都应该算是致命的弱点，是他们失败的一个重要原因。因为他们面对的是你死我活、你上我下的斗争，对敌人的仁慈就是对自己的残忍，这个道理是显而易见的。比如，楚汉之争，本来是你死我活的事情，项羽在关键时刻，却来个"妇人之仁"，放刘邦一马，放的结果是虎归山、龙入海，项羽最后只能"霸王别姬"。

仁义和善良不是说不应该有，而是在施与中要认清对象是否值得去给。许多情况下给对手以退路，放虎归山后他很可能反过来置你于死地，不但使宝贵的善良同情白白浪费掉，甚至还会深受其害。因此，真正的涉世深者大都懂得把握同情的分寸，不会不分对象不加节制地慷慨付出一切。无情的人并不见得就是坏人，做事无情也只是保护自己的一种手段而已。总而言之，树立一个不好惹、不受气甚至敢玩命的形象是很重要的。有了这一形象，就好比是种下了一棵大树，从此，你便可以在树荫下纳凉，再也不用担心别人敢平白无故地欺侮和招惹你了。所以说，不懂得换一种态度做事，一味用昏聩的"妇人之仁"去面对纷繁复杂的世界，不但是做人的失败，更是不会做人的表现。

忍无可忍之时
无须再忍

要使一条线变短，最简单的方式就是在它的旁边画一条更长的线。我们做人处世，也可发现这样一个现象：要使一个恶人不敢对你作恶，就要做出比他更恶的样子。确实，在世上，虽然不能说是恶人横行，但也总难免碰上坏蛋。如果你总是有依靠别人的想法，像一个懦夫一般地接受别人的帮助。久而久之，任何人都会瞧不起你，到那时，他们就会像扔废物一样抛弃你。所以，这世上唯一可靠的和长久的防卫之道，就是依靠你自己，依靠你自己的勇敢和才能。

生存，竞争……什么都需要有正确的方法作指导。在不触犯自己做人原则的前提下，积极策略、灵活应对才是成功之道。而有的时候，“恶”就是自我保护的最佳武器。

俗话说，“忍一时风平浪静”，事实上，应该在忍字后面加一个逗号。很多时候忍耐只能换来一时的风平浪静，尤其对于善欺人的人来说。有些时候，忍会让对方以为你懦弱，从而更加狂妄，得寸进尺。这个时候，就应该为维护自己的利益还以颜色。

有一个无赖，他仗着自己练过几天工夫，会耍几套拳脚，在小镇的农贸市场上为非作歹、为所欲为。最令人气愤的是，他总是拎了这个摊上的鸡，又拿了另一个案上的肉，却总是不给钱。

谁要向他讨，他就说先赊着，以后一块儿给。可若有谁真向他讨要时，他便会大打出手，或是想法子弄得你无法在此地呆下去。大家对这样一个无赖可谓敢怒而不敢言。

一次，这个无赖又来到市场上，他走到一个猪肉摊前，点着一块肉要摊主割下来给他，那位摊主也是位青年，听他一说，二话不讲，操起刀就在案子边的条石上霍霍地磨了起来。这个无赖见此，只好站在那等着。此时，摊边上的人开始聚拢过来，一半是看热闹，一半是想亲眼目睹一下这个无赖如何横行霸道。

岂知，这位摊主磨了好几分钟还没有罢手。此时，无赖急了，张口就骂，要摊主快点儿。只见这位摊主不紧不慢地应了一声，把磨得雪亮的刀往阳光下一摆，一道寒光直照到无赖的眼睛上去，无赖心中一惊，不由得打了一个冷颤。他又催摊主快割肉，但语气明显缓和了一些。摊主操着刀，对着这个无赖想要的那块肉就砍下去，只听“刷”的一声，一大块肉齐整整的就被割了下来。

更令人叫绝的是，也就这一刀，把肉中连着的骨头也一点没碴地砍断了。见此情形，这个无赖心中又是一愣。事情还没有完，摊主把肉砍好之后，并不是像往常那样，把刀搁在案子上就算了，而是出乎意料地朝身边几尺远的一块木板上扔去。随着一声响，那把剁肉刀便插在木板上，与其他几把并排。哦，原来这是他的刀板。同样令人奇怪的是，这个无赖并没有像往常那样，拿起肉便扬长而去，而是叫摊主称了称，乖乖地把钱交了。

究竟是什么力量使摊主在忍让之中征服了无赖呢？

人们自然会想到那把刀，以及摊主熟练的技艺。但是，这则故事告诉我们更多的是摊主那威武不屈的神态和玩刀的技艺，虽说摊主并没有说一句，但他却通过这种无声的语言告诉对方：我也不是好欺负的。

很多实例证明，说话办事中，过于老实者未见就能取得好的效果。反之，如果能装一回“恶”，以硬对硬，有些时候还会逢凶化吉。一个朋友介绍他在北京遇到的一件事便很有意思，他说：我出差去北京，刚下车便有人叫站，说他们的旅店在什么位置，什么级别，有什么设施，说得天花乱坠。我信以为真便跟叫站人打招呼，但叫站人说要先付押金，我拿出钱来付了押金，谁知我跟随叫站人到了那一看，全不是那么回事。什么星级，什么现代设施，只不过是阴暗潮湿的地下室，不开灯连点光线都没有。我很懊悔，也很气愤，我问叫站人：“怎么这么差的条件，这不是骗人吗？”老板不高兴了，看了看我：“谁骗你了，不是你自己来的吗！”我不服：“那是听了你们叫站的虚假之言，再说了，我自己来的，我自己照样还可以自己走呀，给我钱。”老板样子很凶：“给你钱？你以为你是谁呀？这里不是你想来就来，想走就走的地方。”

我见这势头真有点害怕，想退缩以息事宁人，但心里又不服，于是狠了狠心，决定拼出去了。我学着老板的腔调吼道：“你凶什么凶，你想怎的？这北京城，不说来过十次，至少也有七八次了，我一点也不生。你别瞎叫；我想退房，要退房，坚决退房，不退我就给公安局打电话了！”听我要给公安局打电话，老板拨弄了一下算盘说：“退房可以，但要交十元钱的手续费。”我一听可退房自然高兴，但平白无故地要扣十元所谓的手续费又不甘心，便说：“那不行，如不是你那接客员把我骗来，怎么会这样？要怪只能怪你的接客员骗错人了。还有，我受你们的骗这笔账还没算呢！”但老板咬定了那十元钱怎么也不肯松口，如此一来又僵住了。

时光在慢慢地流逝，我有点焦躁不安，想就此罢休。正在这时，外面又来了几位不知情的受骗者，我及时送给老板一根软糖嚼，说：“老板，我看还是全返了吧，想你也是明白人，如果我一嚷，那几位还没登记的旅客必会自行告退，孰轻孰重，聪明的你不会不明白吧！”最后老板在无可奈何中把钱全部退还给我。

正常情况下，一个人出门在外，不宜惹是生非，应尽量保持沉稳一些为好。但有些时候、有些地方、有些人正是摸准了人们这一心理，才硬拿不是当理说，目的就是“宰人”。所以，面对对方野蛮粗俗和无理的冲撞，必须以“恶”碰恶，同时坚持原则，据理力争，绝不能迁就软弱，你要是此时还一副老实相，那就会付出比一般人更大的代价。

由此可见，做事情不分青红皂白，一贯的温良恭俭让是不可取的。由于处世须立于不败之地的需要，即便本来并不恶的人也要故意装出恶人的形象来保护自己。尤其是出门在外，人生地不熟，如果一脸老实相，看上去毫无保护自己的力量，恐怕就会惹人欺负，但是你一装“恶”，效果也许就不一样了。俗话说：“鬼怕恶人磨”，你仅凭一副“恶”相就会使那些欲行不轨者退避三分了。

忍也是有一定限度的，当忍耐只是权宜之计，并非长久之选的时候，就是该有脾气的时候。“不在沉默中爆发，就在沉默中灭亡”，魄力，是成事者必备的一种素质！

伪善之人不可交也

中国人喜欢说："害人之心不可有，防人之心不可无。"这句话固然有其狭隘的地方，会使人变得谨小慎微、毫无磊落气度。但这句话却也并非没有道理，待人处世中，任何时候都不可无防人之心。

因为从根本上说"人之性恶，其善者伪也。"

这就是著名的性恶论，意思是说，人的性质如果看来是善的，那是他努力装扮成这样的，人性本来就是恶的。这种观点尽管有失偏颇，但却有一定的道理，因为它告诉我们：社会上有形形色色的人，有好人，也有坏人；有善人，也有恶人；有君子，也有小人。做人要有心机，必须学会适度地伪装自己，才能不被人所害。

人们用来形容江湖的险恶有这样一句话：当面喊哥哥，背后下刀子。虽然在人际交往的明争暗斗中，并没有下刀子那么直接，但与之类似的手段还是层出不穷、令人防不胜防的。

俗话说，明枪易躲暗箭难防，在纷繁复杂的社会上行走，面对小人的百般刁难，如果没有三头六臂通天法眼的话，是挡不了冷箭的，想全身而退就更不是件容易的事情了。

雍正六年(公元1728年)，川陕总督岳钟琪回驻西安。九月二十六日，忽接一封署名"南海无主游民夏靓遣徒张倬上书"的信，投书的封面上称岳钟琪为"天吏元帅"。一看信封岳钟琪就知此乃反清"大逆"谋反的信件，所谓无主游民，就是明言我辈非臣属当局，不承认清王朝的统治。他密拆书信观看，更是令其大惊失色。

来信的主要内容是，以"华夷之分大于君臣之论"，否认清王朝统治的合理性；以雍正谋父、逼母、弑兄，屠弟、贪财、酗酒、淫色、怀疑诛忠、好谀任佞十大罪状，否认其称帝的合法性；以雍正即位以来，“寒暑易序，五谷少成”，“山崩川竭、地暗天昏”，论证天象有兆、反清时机已成熟；以岳钟琪“系宋武穆王岳飞后裔，今握重兵据要地，当乘时反叛，为宋明复仇”，策动岳钟琪举事谋反。

岳钟琪暴怒万分，亲自提审投书人张倬。张倬宁愿舍生取义，他牢记老师之所嘱：“只去献议，不必先告以姓名里居”，坚不说出其师及自己姓名住址。岳钟琪在重刑审讯亦无所获之时，密奏雍正。雍正指示，此事利害所关，当缓缓设法诱之，不必当日迫问即加刑讯，他既有胆作此事，必是不畏死之徒，解送京师亦不过如此。接旨后，岳钟琪苦思冥想，终于想出一条妙计，突然一改前非，夸奖张倬是一条好汉，以宾客礼遇之，并告之亦有反意，只不过处境危险，不得已对他用刑以验真伪。岳甚至垂泪表示要与张盟誓举义。此招果然奏效，张倬信以为真，与岳焚香跪天，并将其师真实姓名居地一一说出，从而被雍正一网打尽。

李宗吾对这种表面慈善、背后捅刀的做法评论说：“他们只要能达到自己的目的，别人亡身灭家，卖儿贴妇，都不会顾忌；他们的成功诀窍在于，凶字上面定要蒙一层仁义道德。”对于我们来说，这种违德违法的做法实在过于阴险毒辣，所以应当不去做。

可俗话说，“一样米养百样人”，这个世界上，有君子，就有小人，所谓小人，就是那些没有道德、不讲廉耻、不顾信义、反复无常、包藏祸心、阳奉阴违、搬弄是非、势利拍马、唯恐天下不乱的人。小人是无处不在的，身处社会，难免会遇到小人。他们如同四处乱飞的苍蝇一样传播毒菌，造谣破坏，制造事端。小人是我们事业的拦路虎，不但给我们的精神和工作造成了压力，而且还可能对我们的人生起到一定的破坏作用，常常使我们受尽委屈、吃尽苦头，更有甚者，会因为小人作祟而闹得事业停顿、身败名裂。

对待小人是要运用智慧和策略的，我们不用小人的鬼魅伎俩，并不等于我们识不破小人的卑鄙手段，一旦识破就要仔细应对并报之以颜色，适时转换做人的态度，不能像张倬那样，傻乎乎地被人家当成了刀俎上的鱼肉而浑然不知。

保持恰当的安全距离

“意怠”是一种毫不出众的鸟。别的鸟飞，它也跟着飞；傍晚归巢，它也跟着归巢。队伍前进时它从不争先，后退时也从不落后。吃东西时不抢食、不脱队，因此很少受到威胁。表面看来，这种生存方式仿佛是保守迂腐的，而在布满陷阱与危险的生活中，这才是最安全、最实用的生存哲学。

这种生存方式既能保护弱者，对强者的发展也十分有利。在日常人际交往中，如果你本身实力比较强，但你在面对实力较弱的对手时，只知伸，不知屈；只知进，不知退；只知自我夸耀，不知韬光养晦，那你就不能算是真正的强者。一个人要学会在行动上适当示弱。自己在事业上已处于有利地位，获得了一定的成功，在小的方面，即使完全有条件和别人竞争，也要尽量回避退让。也就是说，平时微名小利应看淡些，因为你的成功已经成了某些人嫉妒的目标，如果处处争强，无异于坐在火堆里取暖，最终的结果一定是“引火烧身”。

“烤火烧了衣服”，这无论如何都是一件划不来的事。我们在选择朋友、结交关系的时候，一时不慎或看走了眼，不但不能带来好处，甚至会使自己置于一个不祥的境地。

无论是结交名人、权贵、还是利用关系，首要的前提和注意事项都应该是：必须能够自保，学会全身而退。

金朝的佞臣萧裕控制国家大权以后，依靠与暴君海陵王的特殊关系，专横跋扈，势倾朝廷、海陵对他也特别信任，无论大事小事，都找他商量，其余宰相不过是个摆设。

海陵是一个花花公子，早在青年时代就把“得天下绝色而妻之”作为“一志”。当上皇帝以后，更加肆无忌惮。他按照女真旧俗，淫乱不分亲疏远近，即使自己的亲姐妹和外甥女，只要是“绝色”，就要妻之。在他所诛杀宗室的妻子中，多为海陵表亲，海陵有意将她们中的“绝色”纳入宫中，便派徒单贞去与萧裕商量，萧裕开始不同意，在徒单贞的说服下，表示没意见，徒单贞又说，“你光表示同意奉行，还要上奏请求皇帝益嫔御以广嗣续。”萧裕又遵照海陵的意思，上奏请求海陵将宗本子莎鲁剌妻、宗固子胡里剌妻、胡失来妻和秉德弟纪里妻纳入宫中。

萧裕帮助海陵搞阴谋，干坏事，日益受到宠信，因而越发洋洋自得起来，见人就说他与海陵的关系如何如何好，以便抬高自己的身价。结果适得其反，引起了相当多人的反感。

萧裕以为自己与高药师的关系很好，就把以前同海陵密谈的话告诉了高药师。高药师是一位势利小人，为了讨海陵的欢心，立即把萧裕所言告诉海陵，并添油加醋地说：“萧裕有怨主之心。”海陵听后，把萧裕找来，只是告诉他以后不要这样做，并没有过多怪罪。

萧裕瞒上欺下，逞性妄为，引起越来越多的人不满，他们纷纷向海陵控告萧裕擅权专制，作威作福。海陵以为这些人嫉妒萧裕，没有相信他们的活，又以为这些人可能是看到萧裕的弟弟萧祚任左测点检，萧裕的妹夫耶律济离剌任左卫将军，亲属把持朝政，互相凭借，才产生了嫉妒心理。为了消除这些人对萧裕的疑忌，海陵没有同萧裕商量，就把萧祚改为益都尹、把济离剌改为宁吕军节度使，又任其弟为太师领三省事，与萧裕共在相位，以防人们说他擅权。

海陵这样做，本来是替萧裕着想，可萧裕根本不理解。因为他阴谋策划杀了许多人，做贼心虚，也怕别人以此手段杀了他。萧裕心想：“海陵没有同我商量，就把我的隶属改为外职，一定是开始怀疑我了。任其弟为太师领三省事，也是为了监视和防备我。另外，以前我曾一度反对海陵将诸宗室之妻纳入宫中，高药师也曾告我有怨主之心，海陵虽然没有怪罪我，但心里一定有了疑忌。”想到这儿，萧裕心里一惊，顿时出了一身冷汗。多年来同海陵打交道，萧裕知道海陵残忍嗜杀，对于知道并参与其杀君之人和怀疑威胁皇权之人，皆一一杀死。他又想：“这次恐怕开始怀疑并轮到杀我，不能这样等死，我要聚集力量谋反，争取闯出一条生路来。”大凡做了亏心事的人，一听有人敲门就心惊肉跳，萧裕就是这样。

他帮助海陵干了许多坏事，一听说海陵把他的亲属改为外职，就怀疑海陵要杀他，遂准备谋反，另立辽天作帝耶律延薄的孙子为皇帝。但最终事情败露被海陵杀死。

萧裕用生命换来的教训，即使套入今天的上下级关系当中，也一样有意义——狼对同类亮出獠牙的时候才最凶狠。别以为自己跟上司是多年的老关系，而且整天形影不离，前途就会大有保障。岂不知过于亲密，往往弊大于利。其中的理由是显而易见的，领导和你的地位不同，关系过于亲密，就有一种平等化的趋势，这会扭曲和干扰上下级之间的正常关系。俗语说，仆人面前无英雄，领导在某种程度上，思想有所威仪，而你和他长期交往，对他的缺点洞若观火，这对你绝不是什么好事，一旦当你偶尔言及他的缺点，他一个不高兴，会可能危及到你的职位。即使现在甘言如饴、如胶似漆，可不久你就会发现，眼下的得意是微不足道、一点也靠不住的，这种表面很近而且很铁的关系其实是很危险的，就像走钢丝一样，不跌便罢，一跌下去，不粉身碎骨才怪！

与上司过度亲密，不仅你把他的缺点尽收眼底，让他对你心生戒备，同时，你性格上的弱点和能力的极限也会被上司摸得透透的，对上司来说，你就像一张透明的底片，一览无余地暴露在光天化日之下，这样一来，被斥退的可能性也就越来越大了，即使暂时看不出这种迹象，也不要自鸣得意。婚姻心理学家的调查和实验证明，再亲密的夫妻，结婚两三年之后，都要经历一段危机，那就是婚姻倦怠期，也就是人们常说的“纸婚”期，一个最直接的原因，就是彼此没有什么神秘可言了。双方的兴趣爱好、内心的隐秘、睡觉时是不是说梦话咬牙吧唧嘴，甚至放个屁什么味道，无不在对方的掌握之中……所以说，如胶似漆的时候，正为日后的危机埋下了种子。

而且，与领导过从甚密，也容易失去其他人缘。你把精力都用在和领导的周旋上，与领导关系过密，自然会招来同事的嫉妒，这个肯定不在话下。其次，其他部门的主管也会认定你是某一上司的亲信——也就是说，人人都在用有色眼光看你。就算你偶尔露了几手，大放异彩，可只要一说起来，大伙儿第一句话肯定是：“哦，不就是某某手下的那个跟屁虫吗？”你不仅会落一个“影子”的名声，也会招致大家的轻视和讨厌，甚至有些人还会起来去拆你的台。

古人云：“鹰立如睡，虎行似病。”真正拥有示弱智慧的人懂得，只有聪明不露，才华不逞，才有可能成功。在处世的方法上，不妨学一学意怠，做一个离中心不远不近的人，要知道，光环旁的暗影中，才是最安全的地方。

这个理由听起来似乎有些荒唐，但却证明了待人处世中的一条浅白而朴实的道理——保持恰当的安全距离为上策。所以，与一切可利用的亲戚朋友、名人交际，不管是真情互助还是相互利用，都要始终遵循一个规律：保持清醒的头脑和恰当的距离，因为“关系”也会过犹不及，失去意义。就像烤火一样，不要离得太近，更不要坐到火堆的中间去，否则，一不小心，在极度“温暖”的同时会被烧的尸骨无存。

学会冷处理和拒绝

在现实中，总有一些自命不凡的人，心胸狭窄且口舌毒辣，在背后角落对别人或国家大事指指点点，品头论足，甚至无中生有，中伤他人，或者煽惑人心，动摇众志。对于这样的小人，历史上的贤者大都为顾全大局，当机立断地处置了他们。

西周时期，姜太公因辅佐武王姬发灭殷有功，被封为齐君。当时齐国有个华士，国人都称赞他的贤德，但他下决心不侍仕于天子，也不结交诸侯。太公曾三番五次召请他，他也不来。于是太公杀了他。周公旦对此非常震惊，责问为何杀之？太公答道："华士决心不去侍奉天子，又不去结交诸侯，那我还能用他为臣或与他交友吗？由此看，他是个无用之民；其次，屡召不到，是忤逆之民的表现。此人若被立为榜样，我岂不高处不胜寒了吗？我还能去做谁的君主呢？"

从此往后，齐国便没有怠惰的臣民了。

无独有偶，数百年后，孔丘也做了件类似的事情：少正卯是一位学富才高的贤者，与孔丘同一时代。他甚至能够利用时机，煽动孔门弟子背师弃贤，几次有压倒孔丘、夺走其门人弟子之势。后来孔丘作了鲁国的司寇，便杀死了少正卯。

孔丘之所以下狠手，不仅因为少正卯能够一时巧言乱政，并且也是为了提醒后人提高警惕，以防小人以口舌"杀人"。当然，这种"处置"，属于"权谋之术"，是治国施政所必需的手段。

但不管怎么说，少正卯都是当时的名人，就这么稀里糊涂地被杀，于情于礼都说不过去，于是孔丘弟子子贡进见说："少正卯乃鲁国有名望之人，您杀掉他，岂不是很大的失误吗？"

对于子贡的问题，孔子回答道："人有五种大恶，一是脑子精明而用心险恶；二是行为邪僻而又顽固；三是说话虚伪却很动听；四是广泛搜集别人的隐私和丑恶的东西；五是顺从错误而又加以润色。”少正卯却是五条“兼有之”，所以，孔子下结论说：“此小人之桀雄也，不可不诛也。”

由孔子的这些话，可以看出少正卯犯的是什么罪。

少正卯首先犯的是“脑子精明”与“用心险恶”罪，“脑子精明”没有什么不好，这宗罪的要害在于“用心险恶”。

少正卯所犯的另一个罪是“说话虚伪”与“说话动听”罪，这宗罪的重点是“虚伪”。

少正卯的第三宗罪犯的是“记丑而博”。孔子的潜台词大概是：把丑恶现象记录得那么广博而完整，你到底想干什么？有了这一条，上面的“用心险恶”马上就被坐实。

至于另两条罪名，一条大概是今天所说的死不悔改，另一条应该是文过饰非了。

我们姑且不论孔子诛少正卯是否确有其事，单就史书中关于这件事的记载来看，孔子并没有做错。

少正卯的危险之处在于他是“隐患”，这多少有一点像现代医学所说的癌症病灶。癌症在没有发作的时候，一点迹象都没有，可是一旦发作，就已经是晚期，现代医学往往苦于不能在早期发现癌细胞，如果能提早发现，治疗癌症应该不比治疗感冒难度大。

很多人，尤其是刚刚走上社会的年轻人，不懂得这个道理，到了一个新的环境，急于寻找能谈得来的朋友，一是为解孤独之苦，再就是想为自己多积攒一点人脉，殊不知，这时候一个交友不慎，就可能接触到癌症的病原菌，给日后埋下隐患，无论怎么努力，都永远摆脱不了疾病的折磨。

总的来说，到一个新环境，在你对所处的环境和各种人际关系还不了解的时候，正是交友的危险期。而这时候又是最容易发生“一见钟情”的时候。因为在这期间，大家都有一种新鲜感，希望尽可能多地了解对方，并给对方留下一个好印象，发展双方的友谊。

和同事搞好关系没有错，可万一第一个到你身边的恰恰是“少正卯”，你又该怎么办呢？

这时候，就要采取回避的方法来对待了。回避，并不是转身走开，从此老死不相往来，而是在感情上适当地拉开一定的距离。我们不是怕他，而是不值得把太多的精力浪费在一些没有价值的争斗上，此时一旦把握不好自己的行为界限，得罪了人不说，还可能稀里糊涂地卷入日后的纷争中去，使你根本没有时间干正事，不能安心于工作、学习和生活。所以，所有想干好正事的人都必须绕开这个潜伏的危险，使自己远离是非。

这时候最好的方法就是以静制动：首先，仔细观察，摸清来到你身边的人的喜好和忌讳；同时对自己的言行要特别谨慎周密，有备无患，切忌授人以柄；关键的时候要多长个心眼，宁可什么都不做而被人笑话胆小，也不要轻易上当受骗。

静只是一种状态，只有在静之前加上一个“冷”字，静才从一种单纯的状态变成了智慧。在处理人际关系上，更是少不了“冷处理”。

只要生活在人群中，就总会遇到一些这样那样事情需要处理，这时候，更要牢记一个“冷”字。

1. 对不合理要求，不妨冷漠置之

对他人不合理的要求，不妨冷漠些。这类人分两种：一种是明知不合理，欺你软弱，你给他一寸，他就要求一尺；另外一种是没有自知之明者，这种人，你冷漠些，他就会仔细考虑自己的要求是否恰当。

2. 对闲言碎语，不妨当做耳边风

小杨大学刚毕业时，充满了工作热情和交际热情，这种热情引起了很多同事和上司的好感，也让一些同事开始背后说闲话，什么“真能溜”啊，什么“八面玲珑”啊，什么“真能显”啊。

如果我们遇到这种情况，怎么办？与对方争辩吗？根本不值，麻团只会越抽越乱！怎么办？把那些闲言碎语当成耳边风好了，只要自己能静思一下是否有这些错误，有则改之。

3. 对那些傲眼视人者，不妨冷淡些

大多数人，你对他热情，他也对你热情，你对他笑脸相迎，他也会对你满面春风。也有些人，你越是主动与之交往，他就越是拿腔拿调摆架子，对待这种人，不妨冷淡些。学会冷处理和拒绝人的方法对于我们来说的确很重要。尤其是对于刚处于事业起步的人，如果纠缠于一些烦冗琐屑的人事，不但浪费了时间，消磨了意志，还会白白错失了机遇，与有用的朋友擦肩而过。

与小人的相处之道

有一场举世瞩目的赛事，台球世界冠军已临近卫冕的关键一步。他只要把最后那个8号黑球打进球洞，就能奏响凯歌。就在这时，不知从什么地方飞来一只苍蝇。苍蝇第一次落在他握杆的手臂上。有些痒，冠军停下来。苍蝇飞走了，这回竟飞落在了冠军锁着的眉头上。冠军只好不情愿地停下来，烦躁地去赶那只苍蝇。苍蝇又轻捷地脱逃了。冠军作了一次深呼吸，再次准备击球。天啊！他发现那只苍蝇又回来了，像个幽灵似地落在了8号黑球上。冠军怒不可遏，拿起球杆对着苍蝇捅去。苍蝇受到惊吓飞走了，可球杆触动了黑球。按照比赛规则，此次击球属于违例，轮到对手击球了。对手抓住机会死里逃生，一口气把自己该打的球全打进了。

卫冕失败，冠军恨死了那只苍蝇。在大众的喧哗中，冠军不堪重压，不久就自杀了。临终时他对那只苍蝇还耿耿于怀。如果没有那只苍蝇，冠军的历史就会重新书写了。

对于冠军来说，那只苍蝇就是他命中的“小人”，一只苍蝇和一个冠军的命运胶着在一起，也许是偶然的，但我们每个人的命运中所遇到的那一只只“苍蝇”，也许就不全都偶然了。

孔子说：“世间惟女子与小人难养也，近之则逊，远之则怨”。“小人”没有特别的样子，脸上也没写上“小人”二字，有些“小人”甚至还长得很帅，有口才也有内才，一副“大将之才”的样子，根本让你想象不到。小人之所以常常给别人气受，甚至乐此不疲，主要是因为这样做是有所图的。要么是为了损人利己，争得一些好处，要么纯粹是为了陷害别人，避免别人胜过自己，谋求心理上的平衡。由此可见，小人是有不同层次的。小人成事不足，败事有余。如果你这辈子叫小人盯上了，那么肯定就麻烦大了。小人是琢磨别人的专家，他可以专心致志地琢磨你，并把这当作专业。小人没有什么事好做，又敢于为小恩怨付出一切代价，所以，在做人及交际过程中，必须小心谨慎，处理好和“小人”的关系。这是因为，小人——伤不起！

那些生活在我们身边的鼠辈小人，他们的眼睛牢牢地盯着我们周围所有的大大小小的利益，随时准备多捞一份，为此不惜一切代价准备用各种手段来算计别人，令人防不胜防，他们总是潜藏在团体内部在背地里做手脚，而不敢公开站出来，因为他们的鬼魅伎俩是见不得光的，但正因为这样，才让他们更难被发现。因此对付小人没有一套办法是不行的。

小人固然厉害，但我们并不怕他，避开小人是因为我们不值得把太多的精力浪费在一些没有价值的争斗上。一旦把握不好自己的行为界限，得罪小人，他就会想方设法来琢磨你，破坏你的正事，分散你的精力，使你不能安心于工作、学习和生活。所以，所有想干好正事的人都必须绕开小人。

小人之所以被称为小人，是因为他们狗苟蝇营、孜孜以求于蝇头之利，知道了这一点，我们就能在平时的工作生活中采取相应的对策了。

会做人的聪明者能妥善处理和“小人”的关系，主要是能把握以下几个原则：

1. 不得罪他们

一般来说，“小人”比“君子”敏感，心里也常常比较自卑，因此你不要在言语上刺激他们，也不要在利益上得罪他们，尤其不要为了“正义”而去揭发他们，那只会伤害了你自己！自古以来，君子常常斗不过小人，让有力量的人去处理吧！

2. 保持距离

别和小人过度亲近，保持淡淡的同事关系就可以了，但也不要太过疏远，好像不把他们放在眼里似的，否则他们会这样想：“你有什么了不起？”于是你就要倒霉了。

3. 小心说话

说些“今天天气很好”的话就可以了，如果谈了别人的隐私，谈了某人的不是，或是发了某些牢骚不平，这些话很可能会变成他们兴风作浪和整你的资料。

4. 不要有利益瓜葛

小人常成群结党，霸占利益，形成势力，你如果功夫还没练到家，就千万不要想靠近他们来获得利益，因为你一旦得到利益，他们必会要求相当的回报，甚至就如鼻涕那般，黏着你不放，想脱身都不可能！

5. 吃些小亏无妨

“小人”有时也会因无心之过而伤害了你。如果是小亏，就算了，因为你找他们不但讨不到公道，反而会结下更大的仇。所以，原谅他们吧！当你认清了与“小人”交往的隐患，并坚持做到上述几点，你就能和“小人”相安无事了。

做人要学会灵活变通。尤其是在与小人打交道的时候更要记住这一点，在现实生活中，任何事物的发展都不是一条直线。一个不善于变通的人，“一根筋”只会四处碰壁，被撞得头破血流。而那些真正能流入大海的河流，是因为懂得转弯。做人就当如水一样，盛在不同的容器里，就有不同的形状。可以方可以圆，圆中有方，方中有圆，是指在纷纭变化的现象中能不忘本质；在表现个性的同时不忘共性；在静态中不忘动态；在坚持原则的同时不排除适当的灵活性；在遵守道德规范和礼仪、保持文化修养的同时，又能不失自己的天真和本色。

生活中如果能灵活一些，讲究一点“曲线”策略，往往就能化解矛盾，握手言和。比如，面对他人的不适当言行，如果你针锋相对，对方很难从内心真正接受，还可能使自己“惹祸上身”，而如果能把一些无关紧要的小错误放过去，不仅是为自己避免不必要的烦恼和人事纠纷，而且也顾及了别人的名誉，不致给别人带来无谓的烦恼，也给自己带来不快。这就是方圆兼备的处世之道。可方可圆，是为人处世的最高境界，做到了方圆兼容就能更好地驾驭人际关系，让自己的人生道路更加坦荡。

懂点心计
才有竞争力

2

这年头，竞争无处不在。太过于单纯的人，不仅容易吃亏，想要出头也会异常艰难。事实证明，做人也好，做事也好，有些心计才有竞争力。我们要说的心计不是阴谋诡计，它更多的是一种做人做事的智慧，拥有这种智慧，就能游刃有余地应对各种现实的挑战。

学会借他人之口

在某些场合，有些话自己说出来显得有些过分，但是双方不说明又不行，这时候，用点心计，诱导对方先开口无疑是上上之策。

比如，李某准备借助于好友刘某的路子做笔生意，在他将一笔巨款交给刘某的第二天，刘某突然暴病身亡。李某立刻陷入了两难境地：若开口追款，太刺激刘某的夫人；若不提此事，自己的局面又难以支撑。

帮刘家料理完后事，李某是这样对刘夫人说的：“真没想到刘哥走得这么早，我们的合作才开始呢。这样吧嫂子：刘哥的那些关系户你也认识，你就出面把这笔生意继续做下去吧！需要我跑腿的时候尽管说，吃苦花力气的事情我不怕。”

看他，丝毫没有追款的意思，还豪气冲天，义气感人！其实他明知刘妻没有能力也没有心思干下去，话中又加上巧妙的提醒：我只能跑腿花力气，却不熟悉那些门路；困难不小还又时不我待。

结果呢？刘妻反过来安慰他道：“这次出事让你生意上受损失了，我也没法干下去，你还是把钱拿回去再找机会吧。”

李某用含蓄的方法让刘妻自己提出还钱的事情，确实是一种高明的办事方法。如果直截了当地去要，肯定会伤害彼此的面子。

有时候，别人为自己办事而没有做好，为了让对方再次帮忙而不伤及对方的面子，也应该运用这种方法。

例如，泰尔维是从一份小报奋斗到拥有23家报纸和12种杂志的著名出版大家，他因为著名漫画大师豪斯为他画的漫画不大满意而感到失望。泰尔维与豪斯本不大熟悉，此次请他来是为了帮助完成一个重要的计划，于是豪斯画了那张令人失望的漫画。

泰尔维心想，一定要引导豪斯重画一张满意的漫画才行。可是怎样才能得到漫画家重画一张满意的杰作呢？如果重画，这张失望的漫画就得作废。怎样才能既不使画家扫兴又重画一张呢？当晚晚餐的时候，泰尔维对豪斯的漫画大大赞颂了一番，接着便说："这城里的电车已经伤亡了许多孩子，有时我看着这些电车，觉得那开车的人简直就像个死人。据我看来，那些死人好像都在斜睨着那些在街上玩耍的孩子，不假思索地直冲过去。"豪斯这时惊跳起来，大声嚷着："天啊，泰尔维先生，这完全可以画一张震慑人心的好漫画作品。你把我画的那张作废了吧，我再替你重画一张。"于是豪斯劲头十足地在旅馆里连夜赶着又画了一张令人满意的杰作，一张使电车公司屈服的漫画。泰尔维巧妙的引导法，真可以作为我们日常生活中千百种类似情景的范例。

在这件事情中，从泰尔维这方面来说，他巧妙地引导豪斯自动取消了第一张画稿，而且还不辞辛劳地连夜将泰尔维心中的想法画出；而对豪斯来说，他还以为是被自己的灵感所触而即兴创作，辛劳一夜为人做嫁衣却乐此不疲，真是皆大欢喜。设想一下，如果泰尔维不是用他的引导法将自己的思想移植到豪斯心中，不留一点痕迹，而是直言不讳地指出豪斯的画令他不满意并要求豪斯按照他的设想重画一张，那么豪斯肯定会很不高兴，结果未必能够这么圆满。

因为人总喜欢以最大热情去表现自己的思想，所以要使别人乐意采纳你的意见，最佳的方法，便是让他们自信这是他自己的创作，而不是受人"指使"的。用这个方法来面对无论是我们的上司还是下属，都能保护到他们的自尊心，使他们感觉到自己重要，并努力朝你希望达到的目标努力。

当威尔逊做总统时，在他的顾问班子中间，唯有凯特维最得其信任。别人的意见，他常常很少采用，或是根本不采用，而凯特维却屡屡进言得以采纳。后来凯特维做了威尔逊的副手（副总统）。

凯特维自述道："我发现了一个让总统接受我建议的好方法，我先把计划自然地透露给他，使他自己感兴趣，然后将我的建议当作他自己的意见而发表。”

凯特维不但使威尔逊自信这种思想是自己的，后来他还牺牲了自己许多伟大的计划，让给威尔逊来获得民众的拥戴。

那么，凯特维是怎样把自己的计划移植到威尔逊心中的呢？他常常走进总统办公室，以一种请教的口吻提出建议：“总统先生，不知道我这个想法是否……您不觉得这样做还有什么不妥吗……我们是不是这样……”就这样，凯特维把自己的思想不露痕迹地灌入威尔逊的大脑，使他从自己的角度考虑这些计划，加以完善并付诸实施。

让我们再来看这样一个例子：著名工程师瑞尔如何令一个性格刚烈的工头所折服。有一次，瑞尔想在其负责的工段更换一个新式的指数表，但他想那个工头必定要反对的，于是瑞尔就略施小计了。据他自己说：“我去找他，腋下夹着一只新式指数表，手里拿着一些征求他意见的文件。当我们讨论这些文件之时，我把那只指数表从左腋换到右腋连续移动了好几次，终于他开口了：‘你拿的是什么？’‘哦，你看它做什么？你们部里又不用这个。’我装作要走的样子。‘但我很想看一看。’他坚持道。于是我装作很勉强的样子将那指数表递给他，当他审视的时候，我就随便地，但非常详细地把这东西的效用说给他听。他终于喊起来：‘我们部里用不到这东西吗？天哪，这正是我早就想要的东西！’”瑞尔故意这样采用激将法，欲擒故纵，结果很巧妙地达到了自己的目的。

瑞尔的故事告诉我们，如果对方是一个思想保守的人，我们要向他提建议，就得先思索一下，我们向他提供意见的方法是否合理，是否可以让他主动提出我们想要的答案。

其实，在现实生活中，有许多人常常苦于自己的意见不被人重视，但仔细找一找原因，很多时候是因为自己没有让人采纳自己意见的“良策”罢了。

不损人地利用其弱点

在为人处事的过程中，可以巧妙利用人性的某些弱点，达到自己的目的。清代著名书画家“扬州八怪”的代表人物郑板桥就曾因此吃了一次“哑巴亏”，帮助某位有心计的富豪做了一件自己不想做的事。

郑板桥由于擅长画竹、兰、石、菊，字写得也棒。他那幅《难得糊涂》的复制品，今天大街小巷仍随处可见。当时，慕名上门索求他字画的人也不少。郑板桥也不客气，写了一张价格表贴在大门上，上面写道：“大幅六两，中幅四两，小幅二两，条幅对联一两，扇子斗方五钱。凡送礼物、食物，总不如白银为妙；公之所送，未必弟之所好也。送现银财中(衷)心喜乐，书画皆佳。礼物既属纠缠，赊欠尤为赖账。”

明码标价，颇为痛快直爽。不过，郑板桥恃才傲物，鄙视权贵，一些达官显贵想索求字画，哪怕推着装满银子的车来，也被拒之门外。

有位大富豪新盖了幢别墅，豪华富丽，但就是缺少点斯文气息。有人建议，何不弄两幅郑板桥的字画，往客厅里一挂，不就高雅脱俗了吗?

富豪一听，猛拍大腿，妙！拎着钱箱就往郑板桥家跑。名片递进去后，照例被挡在门外，理由无非是先生外出、不舒服、在练气功，等等。一连几次都是被拒之门外。

后来，这位大富豪与一位大官朋友闲聊时，提起了这件事。大官说：“你怎么连郑板桥是什么人都不晓得？别说你啦，我想要他的画，要了好几年，都还没弄到手。”

大富豪一听，顿时来了精神，夸下海口道：“瞧我的，不出几天，定能弄几幅字画来，上面还要让他写上我的大名。”

于是，大富豪派手下人四处打探郑板桥的生活习惯和各种爱好。

这一天，郑板桥出来散步，忽然听见远处传来悠扬的琴声，曲子甚雅，不觉得感到好奇，这附近没听说有什么人会弹奏琴呀？于是，他循声而来，发现琴声出自一座宅院。院门虚掩，郑板桥推门而入，眼前的情景让他大感惊讶：庭院内修竹叠翠，奇石林立，竹林内一位老者鹤发童颜，银髯飘逸，正在拂琴。哎呀，这不分明是一幅图吗？

老者看见他，琴声嘎然而止，郑板桥见自己坏了人家的兴致，有点不好意思，老者却毫不在意，热情让他入座，两人谈诗论琴，颇为投机。

谈兴正浓，突然，传来一股浓烈的狗肉香，郑板桥感到很诧异，但口水已经忍不住要流下来。

一会儿，只见一个仆人捧着一壶酒，还有一大盆烂熟的狗肉，送到他们面前。一见狗肉，郑板桥的眼睛就盯在上面，老者刚说个“请”字，他连故作推辞的客套话都忘掉了，迫不及待地狂喝酒，猛吃肉。

风扫残云般地吃完狗肉，郑板桥这才意识到，连人家尊姓大名还不晓得，就糊里糊涂在人家这里大吃了一通。现在酒足饭饱，总不能就这么一甩袖子，说声“拜拜”就走吧？

正在这时，老者开口说道：“今天能与赫赫有名的画家邂逅，实在是幸会，我不求什么回报，请您为我画几笔，也算留个纪念吧。”郑板桥一想也是，留点银子吧，不仅太俗，而且自己出来散步没带钱呀！

老者似乎还有点不好意思，连声说：“吃顿饭不过是小意思，还得让您为我画一张画，真不好意思！”

郑板桥以为他不稀罕字画，便自夸说：“我的字画虽算不上极佳，但还是可以换几两银子的。”

等到郑板桥画完，又问老者的姓名，老者报了一个，郑板桥听后觉得耳熟，但一时又想不起来是怎么回事，还在落款处题上“敬赠某某某”。看看老者满意地笑了，这才告辞离去。

第二天，这几幅字画就挂在大富豪别墅的客厅里。大富豪遂请来宾客，共同欣赏。宾客们原以为他是从别处高价购买来的，但一看到字画落款处有他的大名，这才相信是郑板桥特意为他画的。此事郑板桥知道后，后悔不迭，但是为时已晚。

人性总是有些弱点的。我们在社会上行走，也不妨巧妙利用这些弱点，在不损人的情况下将事办成。

学会适当给自己镀层金

自我贴金是一种自我表现的方法，它既能抬高贴金者的身价，又能使别人对你羡慕、相信甚至崇拜。有了这种效果，就会使你在人群中“高人一等”，风光体面，活得“潇洒”。

一般人常常以为，那些经常出入高级场所与上流人物打交道的人，就是上流人物。一些人就利用人们的这一心理，在上流场所冒充上流人物。他们会对饭店的构造、设备、菜单等，作一番详细地了解，在招待自己选择好的欺骗对象时，就表现出自己是这家饭店的常客。只要他的表演技术高明，即便警戒心很高的人，也常常会受迷惑。他会向你这样介绍说：“这家饭店的菜最有名，汤也是相当可口的。”当你想上洗手间时，他会毫不含糊地告诉你在什么地方。就这样，在他的热情招待下，你的警惕心就渐渐地放松了，并一步一步陷入他预先设计好的圈套。

同样，当你邀女友到某饭店用餐时，若对每位服务员都表现出很熟悉的样子，并以亲切的口吻对他们说：“你还是那样，生意不错吧。”这样，你的女友就会以为你是这家饭店的常客。

显而易见，这种技巧很有心理学的依据。当你与一位对你信心不大的对象洽谈生意时，利用这种心理，常常能收到很好的效果。如果你首次招待你久已仰慕的女友用餐，也同样使用这种方法，女友就会很容易地对你放松警惕，将你当做很可靠、可信赖的伴侣而陶醉在将来生活的幻想中。

因此，只要你能将你所要去的高级场所，事先作一个详细的调查，走进去就像走进自己家里一般，同样能使别人误以为你是这家饭店的常客。

同样，泰然周旋于权贵之间，也极易使人产生你来历不凡的错觉。

曾担任日本商社副董事长的海部八郎先生，是公认的才华横溢的人，同时也是一位地地道道的贴金大王。为增加自己的权威性，他经常亲密地称呼一些他从未见过面的政界大人物。他常对人这样说，“刚才田中先生打电话给我……”或说“我刚刚参加过富田赳夫的记者招待会”。

随意称呼大人物的名字，是抬高自己身价的一种绝招。因为如何称呼人，往往是两人之间的社会地位和亲密程度的反映。如果你想借田中首相的名字抬高自己的身价，称首相不如称田中先生效果好，而称田中先生又不如称田中效果好，换句话说，越是随便，就越能给人以“自己与大人物亲密无间”的印象。另外，由于身世和经历是最容易打动别人的一个重要方面，因此，在办事过程中，如果能巧妙地改变自己的身世和经历，这种贴金术也非常奏效。

美国共和党人麦卡锡就是一个十足“贴金高手”。

麦卡锡1908年出生于美国的威斯康星州，1935年毕业于马克特大学，后来从事律师职业。30岁那年，他第一次竞选州法官职业，与当时在职的一位66岁的法官竞争。麦卡锡为了在竞选中投机取胜，开始玩贴金的手段，在他们两人的年龄都有依据可查的情况下，麦卡锡居然不顾事实，竟把对手说成73岁，有时还说成89岁，并将自己的年龄减少了1岁。麦卡锡的谎言竟然获得了成功，他当选为州法官。这使初出茅庐的麦卡锡尝到了贴金的甜头。

“二战”期间，麦卡锡应征入伍，在海军陆战队中服役。

他在服役期间，并没有参加过战斗，是在办公室里度过整个第二次世界大战的。他是侦察轰炸机第235中队的情报官，任务是在办公室内听取执行任务回来的飞行员的汇报。在“二战”期间，他的确受过一次伤，但并不是参加战斗负的伤，而是在一次水上飞机供应舰的宴会上喝醉了酒，从梯子上摔下来，跌断了一条腿。

麦卡锡从海军陆战队退役后，于1945年当选为巡回法庭的法官。到任伊始，麦卡锡立刻制定了一个竞选威斯康星州国会议员的计划。他提出的口号是“威斯康星州在参议院里要有个机尾炮手”。为了成功，他重操旧业，故伎重演，用谎言来吹嘘自己在“二战”期间的“英雄业绩”。他吹嘘自己当过机尾炮手，曾多次执行战斗任务，在太平洋战争中出生入死，英勇战斗，立下了汗马功劳，他还吹嘘自己怎样在战壕和掩体里度过了一个又一个难熬漫长的夜晚，怎样给他领导下的阵亡战士的家属写信，表示他一定信守对烈士作出的诺言，把一团糟的国内政局清理一新，因为这种局面使“我的战士们从内心中感到厌恶”。他为自己的受伤而自豪，为了向人们展示他曾“光荣地负过伤”，炫耀自己是“二战”中的英雄，他有意地用他那条跌断过的腿跛着走路，然而有时没有留意，又用他那条没有跌断过的腿跛着走路。

1946年，这位善于贴金的能手在没有半句真话的竞选中，居然当选为美国参议院的参议员，麦卡锡再一次尝到了贴金的甜头，并且从中悟出了一个哲理，那就是谎言可以出人头地，可以飞黄腾达。从此以后，麦卡锡更加娴熟更加自觉地把贴金作为手段了。在制造谎言自我贴金的过程中，麦卡锡不但面不改色，而且绘声绘色，说得活灵活现，颇能欺骗一些人。

也许有人认为这种类似于撒谎甚至自欺欺人的贴金术有失厚道，并不值得推扬，但是应该承认，在现实中，比起顽固的老实态度，它宛如一张特别有用的通行证，确实更能使我们畅通无阻，因此也更有利于我们的发展。所以说，为了自己的前程，也不必太认真老实，必要的时候也换一下态度试试贴金术。

学会借他人之力

如果你对别人指手画脚，有时会激起他们的逆反心理，导致事情走向你所希望的结果的反面。而若是从对方的立场出发，将他的思路引导到你的思路上来，让他站到你所搭建的舞台上，往往会更容易达到自己的目的。

著名的牧师约翰·古德诺在他的著作《如何把人变成黄金》中举了这样一个例子：

多年来，作为消遣，我常常在距家不远的公园散步、骑马，我很喜欢橡树，所以每当我看见小橡树和灌木被不小心引起的火烧死，就非常痛心，这些火不是粗心的吸烟者引起，它们大多是那些到公园里体验土著人生活的游人引起，他们在树下烹饪而烧着了树。火势有时候很猛，需要消防队才能扑灭。

在公园边上有一个布告牌警告说：凡引起火灾的人会受到罚款甚至拘禁。

但是这个布告竖在一个人们很难看到的地方，儿童更是不能看到它。

有一位骑马的警察负责保护公园，但他很不尽职，火仍然常常蔓延。

有一次，我跑到一个警察那里，告诉他有一处着火了，而且蔓延很快，我要求他通知消防队，他却冷淡地回答说，那不是他的事，因为不在他的管辖区域内。我急了，所以从那以后，当我骑马出去的时候，我担任自己委任的“单人委员会”的委员，保护公共场所。当我看见树下着火，我非常不高兴。最初，我警告那些小孩子，引火可能被拘禁，我用权威的口气，命令他们把火扑灭。如果他们拒绝，我就恫吓他们，要将他们送去警察局——我在发泄我的反感。

结果呢？儿童们当面服从了，满怀反感地服从了。在我消失在山后边时，他们重新点火。让火烧得更旺——希望把全部树木烧光。

这样的事情发生多了，我慢慢教会自己多掌握一点人际关系的知识，用一点手段，一点从对方立场看事情的方法。

于是我不再下命令，我骑马到火堆前，开始这样说：

“孩子们，很高兴吧？你们在做什么晚餐？……当我是一个小孩子时，我也喜欢生火玩，我现在也还喜欢。但你们知道在这个公园里，火是很危险的，我知道你们没有恶意，但别的孩子们就不同了，他们看见你们生火，他们也会生一大堆火，回家的时候也不扑灭，让火在干叶中蔓延，伤害了树木。如果我们再不小心，我们这儿就没有树了。因为生火，你们可能被拘下狱，我当然不愿意干涉你们的快乐，我喜欢看你们玩耍。请你们马上将树叶耙得离火远些，好不好？在你们离开以前，请你们小心用土将火盖起来，好不好？下次你们再玩时，请你们在那边沙堆上生火，好不好？那里不会有危险……多谢，孩子们，祝你们快乐！”

这种说法产生的效果有多大！

它让儿童们乐意合作，没有怨恨，没有反感。他们没有被强制服从命令，他们觉得好，我也觉得好。因为我考虑了他们的观点——他们要的是生火玩，而我达到了我的目的——不发生火灾，不毁坏树木。戴尔·卡耐基也讲过一个与此类似的事例：

克利夫兰市的史坦·迪瓦克先生一天晚上下班回家，发现他的小儿子迪米躺在客厅地板上又哭又闹。迪米明天就要开始上幼儿园，但他却不肯去。要是在平时，史坦的反应就是把迪米赶到房间里去，叫他最好还是决定去上幼儿园，没有什么好选择的。但是在今天晚上，他认识到这样做并不太好，哪怕迪米迫于无奈最终去了，也不会有什么好心情的。

史坦坐下来想，“如果我是迪米，我为什么会高兴地去上幼儿园？”他和他太太就列出了所有迪米在幼儿园会喜欢做的事情，如用手指画画、唱歌、交新朋友。然后他们就采取行动。

“我们——我太太、我另一个儿子鲍勃，以及我——开始在厨房的桌子上画指画，我们做出兴趣盎然的样子。没过多久，迪米就在旁边偷看起来，然后他就要求参加。

“‘不行，你必须先到幼儿园学习怎样画指画。’”

“然后，我以他能够听懂的话，把我和我太太在表上列出的事项绘声绘色地解释给他听——告诉他所有他会在幼儿园里得到的乐趣。第二天早晨，我以为我是全家第一个起床的人。我走下楼来，发现迪米坐着睡在客厅的椅子里。

“‘你怎么睡在这里呢？’‘我等着去上幼儿园。我不想迟到。’他说。我们的努力奏效了，由于正确地把握了迪米的心理，上幼儿园已经成了迪米一种自发的、强烈的渴望，这是苦口婆心的劝说或威胁恐吓所不能做到的。”

明天，也许你会劝说别人做些什么事情。在你开口之前，先停下来问自己：“我如何使他心甘情愿地做这件事呢？”这个问题，也许可以使我们不至于冒失地、毫无结果地去跟别人谈论我们的愿望。上面这两个生动的事例都证明了这一点。如果我们托人办事——借别人出面出力去做成我们筹划的事——这种策略肯定是应该首先考虑的：以对方的眼光和情感作为切入角度，引导他“变成”自己，这样，他自然会乐意爽快地“替”你把事情给办好了。

友善而有计地说服他人

因为每个人的思维方式以及知识背景不同，很多时候，让他人认同自己的想法的确不是一件容易的事。如果你硬要把自己的意见塞入别人的脑袋里，结果肯定费力不讨好。提出建议，然后让别人自己去得出结论，这么做才是上策。因为，没有人喜欢被强迫接受推销或遵照命令行事。那么，如何才能友善地说服对方呢？用点心计就不难。具体而言，应该注意以下几点：

[每个人都喜欢按照自己的想法做事]

没有人喜欢觉得自己被强迫接受推销或是在遵照命令行事。他们宁愿觉得一切是出于自愿，或是按照自己的想法在做事。他们会很高兴有人来征询自己的愿望、需要或想法。

美国一家知名企业的总经理在与助手一次闲聊时，迫切感到很有必要给一群神情沮丧、散漫的汽车推销员们鼓鼓劲。于是，他立刻就召开了一次销售会议，鼓励大家把自己希望从他的身上得到的东西如实告诉他。在他们说出来的同时，他把他们的想法一一写在黑板上。然后，他说："我会把你们要求我的这些个性，全部表现给你们。现在，我要你们告诉我，我有权利从你们那儿得到什么吗？"回答的答案很多：忠实、诚恳、进取、乐观、团结，每天热情地工作8小时。有一个人甚至自愿每天工作14个小时。最后，会议在群情振奋、信心百倍的气氛中结束。自此以后，销售量上升得十分可观。

事后，这位经理说了这样一句话，他说："他们等于和我作了一次道义上的交易，只要我遵守我的诺言，他们也就决定遵守他们的。认真地向他们探询他们的希望和愿望，就等于在他们的手臂上注射了他们最需要的一针。”

我们不妨再看另外一个例子。挪威先生是专门从事将新设计的草图推销给服装设计师或生产商的业务。一连3年，他每星期都前去拜访纽约最著名的一位服装设计师。“他从没有拒绝会见我，但也从没有买过我所设计的东西。”挪威先生说道，“虽然他每次都仔细地看过我带去的草图，可最后总是说‘对不起，挪威先生，今天我们又做不成生意啦！’”

经过不下于一百多次的失败之后，挪威先生终于体会到自己过去一定是过于墨守成规了。至此，他下定决心，专门腾出一些时间来研究一下人际关系的有关学问，以帮助自己获得一些新的观念，调整一下工作方式。

后来，他再去纽约的时候，把几张没有完成的草图夹在腋下，然后跑去见设计师。“我想请您帮点小忙，”挪威说道，“这里有几张尚未完成的草图，可否请您指点一下，以更加符合您的需要？”

设计师一言不发地看了一下草图，然后说：“把这些草图留在这里，过几天再来找我。”3天之后，挪威先生去找设计师，听了他的意见，然后把草图带回工作室，按照设计师的意见认真加工完善。结果呢？挪威先生说道：“我一直希望他买我提供的东西，这实在有点愚蠢。这是因为我没有考虑到他本身就精通设计，没有满足他自我表现的欲望。后来我要他提供意见，他就实现了自己的表现欲望。而这时，虽然我并没有要把东西卖给他，他却主动要求买下了。”

[让别人觉得你的出发点是他]

聪明人在说服他人的时候，都善于从他人的角度出发，进而让对方觉得自己并无恶意，真正地让对方对你心服口服。

英国的一位汽车商人，就是利用了这样的技巧，把一辆二手汽车成功地卖给了一位苏格兰人。这位商人带着那位苏格兰人看过一辆又一辆的车子，但对方总是不满意，这不合适，那不好用，或者价格太高。

在这种情况下，这位商人开始开动脑筋，决定向别人请教到底应该如何做，一位深谙心理学的人士建议他：停止向那位“苏格兰人”推销，也不要告诉“苏格兰人”怎么做，干嘛不让对方告诉自己怎么做。这样起码会让他觉得出主意的人是他自己！

这个建议听起来相当不错。几天之后，当有位顾客希望把他的旧车子换一辆新的时，这位商人就开始尝试这个新的方法。他想，这辆旧车子对“苏格兰人”可能很有吸引力。于是，他打电话给“苏格兰人”，问他能否过来一下，提供一点建议。

“苏格兰人”来了之后，汽车商人说：“你是个很聪明的人，你懂得车子的价值。能不能请你看看这部车子，试试它的性能，然后告诉我这辆车子，应该出价多少才合算？”

“苏格兰人”的脸上泛起了笑容。终于有人来向他请教问题了，他的能力已受到赏识。他把车子开上大道，一直从牙买加区开到佛洛里斯特山，然后开回来。“如果你能以300美元买下这部车子，”他建议说，“那你就买对了。”

“如果我能以这个价钱把它买下，你是否愿意买它？”这位商人问道。300美元？当然。这本是他的主意，他的估价，这笔生意立刻爽快地成交了。

其实，在现实生活中，我们每天所要接触的人都具有某些人性弱点。因此，我们也不妨在适当的时候运用这种技巧。中国话是这样说的：“江海之所以能为百谷之王，是因为懂得身处低下。”所以，如果你让别人接受自己的思想观念，你就要记得，友善地对待他，并让他觉得那是来自他自己的主意。

[做到使对方心服口服]

办事最好能够做到让人心服口服，这样就等于你征服了对方，再做事情的时候自然可以得心应手。古今中外，这样的例子很多，诸葛亮“七擒孟获”就是一个典型的案例。

孟获是三国时期南中地区少数民族的首领，是当地很有影响的人物。他和朱褒、雍凯、高定等人勾结，推举雍凯为主帅，趁蜀国对吴国作战失败、元气大伤和刘备刚死的机会，煽动少数民族杀死蜀国派往这一地区的官吏，公开发动武装叛乱。

南中历来就是多民族聚居的地区。三国时候，那里住着许多少数民族，是今天彝族、壮族、傣族、独龙族的祖先。他们和汉族人民在一起，用劳动和智慧开发了中国的边疆，对中国的经济和文化发展，作出了巨大的贡献。孟获等人在南中地区的叛乱，既破坏了各族人民和睦相处的愿望，也严重地威胁到蜀汉的政权，妨碍了诸葛亮北伐中原、统一全国的计划。为了维护蜀国的统一，诸葛亮经过积极准备，在公元225年，分兵三路，向南中进军。

在开始出兵的时候，诸葛亮采纳参军马谡的建议：这次出征的目的，并不是把那些叛乱分子赶尽杀绝，占领他们的城池，而是要征服当地领袖人物的心，使他们心悦诚服地服从蜀汉的统治，以后不再发动叛乱。这叫做攻心为上，攻城为下。

诸葛亮出兵不久，南中地区的叛军内部起了变化。雍恺被部下杀死，孟获做了主帅。接着诸葛亮杀高定，破朱褒。这年五月，诸葛亮带领军队渡泸水，追击孟获。

由于孟获在当地群众中有一定的威望，当地少数民族和汉族都服从他的指挥，所以诸葛亮命令不准杀害他，一定要捉活的。孟获见蜀军打了进来，就起兵迎战。蜀将王平跟他对阵，开战不久，王平掉转马头往后撤走，孟获驱兵前进，沿山路追赶。忽然喊声大起。蜀兵从两旁杀出，孟获中了埋伏，只得引兵败退，蜀兵紧紧追赶，活捉了孟获。

军士们把孟获押解到大营来见诸葛亮，诸葛亮问孟获："我们待你不错，你怎么反叛朝廷？现在已被生擒，还有什么好说的呢？"接着他亲自带领孟获参观蜀军军营，问孟获："你看我们的军队怎么样？"孟获一看，蜀军阵营整肃，军纪严明，士气旺盛，心里暗暗佩服，可是并不服气。他说："我不是被打败的，只是不知虚实，中了你们的埋伏，才被捉的。现在看了你们的军队，也不过如此，真要硬打硬拼，我们是能够取胜的。"诸葛亮笑着说："既然这样，我放你回去。你整顿好队伍，再来打一仗吧。”说完吩咐士兵们摆上酒席，招待孟获吃了一顿，然后把他放回去。

孟获回去以后，又连续和诸葛亮一战再战，一连打了七次，被擒七次。最后一次，诸葛亮把孟获的军队引到一个山谷中，截断他们的归路，然后放火烧山。只见满山满谷烈火熊熊，把孟获的将士烧得焦头烂额，叫苦连天，孟获第七次被蜀兵活捉。

孟获又被押解到蜀军营帐。士兵传下诸葛亮的将令说：丞相不愿意再见孟获，下令放孟获回去，让他整顿好人马，再来决一胜负。孟获想了很久说：“七擒七纵，这是自古以来没有过的事情，丞相已经给了我很大的面子，我虽然没有多少知识，也懂得做人的道理，怎么能那样不给丞相面子呢！”说完跪在地上，流着眼泪说：“丞相天威，我们再也不反叛了！”

诸葛亮很高兴，赶紧把孟获搀扶起来，请他入营帐，设宴招待，最后客客气气地把孟获送出营门，让他回去。从此以后，西南地区就比较安定了。

可见，对于顽固的对手，不能一味地使用强硬的手段以硬碰硬。那样的话即使能制服其人，也未必能收服其心。孟获七次成为诸葛亮的手下败将，作为阶下囚丢尽了脸面。本来，可杀可剐，全凭他发落。但是诸葛亮非但没有杀他，甚至没有羞辱的言辞，反而以贵宾的礼遇对待他，最终使他心服口服，使西北地区得到了安定的局面。

在现实生活中，我们也应该以让人心服为目的。如果做到了这一点，自己的一切决定都会得到对方的认同，办事自然比较顺利。

以弱赚取同情

有时候，做同样一件事，有的人能顺利地办下来，有的人却感觉难以办成。之所以有这样的差别，原因很大程度上不在他们的能力大小上，而是在于心计，在于方法策略或态度上。

比如，面对一件棘手的事，对手又是一个吃软不吃硬的人，你就要考虑如何化解他的冥顽和僵硬。也许最好的办法是收敛起一切有棱角的东西，把自己降到一个低下乞怜的位置。所谓主动示弱，就是找准他的突破口，把自己扮演成弱者，以打动他心中柔软的部分，事情可能就好办多了。

在经济萧条时的美国某地，一个17岁的孤女在她寡母的支持下好不容易才找到一份在高级珠宝店当售货员的工作，还是暂时试用。新年快到了，店里的工作特别忙，姑娘干得很带劲，因为她听经理对别人说有正式录用她的意思。

这天她把柜台里的戒指拿出来整理。这时来了一位30岁左右的顾客，他一脸愁容，衣衫褴褛。他用一种贪婪的眼睛盯着那些高级首饰。

“丁零零！”电话铃响了，姑娘急着去接电话，一不小心，把一个盒子碰翻，六枚精美的钻石戒指落到地下。她慌忙四处寻找，捡起了其中的五枚，可是第六枚怎么也找不着了。

姑娘急出了一身汗。这时，她看到那个30岁左右的男子正向门口走去，顿时，她知道了戒指在哪儿。当男子的手将要触及门柄时，姑娘柔声叫道：“对不起，先生！”那男子转过身来，两人相视无言足足有一分钟。“什么事？”他问，脸上的肌肉在抽搐。

“先生，这是我头回工作，现在找个事做很难，是不是？”姑娘神色黯然地说。

男子久久地注视着她，终于，一丝微笑浮现在他的脸上，“是的，的确如此。”他回答，“但是我能肯定，你会在这里干得不错。”

停了一下，他向前一步，把手伸给她：“我可以为你祝福吗？”

姑娘也立刻伸出手，两只手紧紧地握在一起，她用低低的但柔和的声音说：“也祝你好运！”

他转过身，慢慢走向门口，姑娘目送他的身影消失在门外，转身走向柜台，把手中的第六枚戒指放回原处。

这本是一起盗窃案。一般情况下，人们会采用抓住盗窃者的方法追回赃物。但姑娘没有，她是用可怜的口吻，乞求盗窃者良心的发现，从而避免了一场纷争。不难想象，如果姑娘一旦声张，偷窃者肯定不承认。其结果，不但姑娘要赔偿损失，连那来之不易的工作也会因此丢失。

人皆有同情弱者之心，也都有在竞争中忽视弱者的下意识。以弱赚取同情在有些时候也能达到征服人的目的。而显示出自己弱于对方的一面，这就能有效地避免了对方的戒备和争斗，兵法有云：不战而屈之兵，乃善之善者也。龟兔赛跑，乌龟之所以取胜，就是因为兔子犯了骄傲轻敌的大忌，把乌龟当成不堪一击的弱者，以致失败。而弱者也正好利用对方的这种心态而巧妙取胜。主动示弱是不气傲的另一种表现，它更进一步地发挥了心高不气傲的作用和长处。因此，我们在做人办事中有必要掌握这种技巧，更重要的是把它培养成一种心态和习惯。

把握时机，上楼抽梯

上楼抽梯是一种高智慧的做人方法，既能自保，又能制敌，尤其在某些关键环节上，这种方法十分有效。而它所显露出的做人智慧，又会使他人对你不敢小觑。

某市个体服装老板冯某生意越做越大，营业额大幅度上升。税务部门要其补交税款，但其拒不承认营业额增大。几名稽征员多次上门，均被其搪塞过去。

这天，稽征员老欧找到他。稍事交锋后，老欧便换一种姿态，以关心的口吻问道：

“有笔大生意，做不做？”

“生意人，哪有不做的！啥款式？多少？”

“上次那种西装，两百套。”

“我正想吃进一批西装来换季。开价呢？”

“每套150元。如果全要，可打九折；唉，可惜你没有这个肚量！”

“笑话？我就要全吃！”

“你全吃？我提醒你呐：老规矩，货款必须在两个月内付清啊！”

“两个月，我还卖不出来吗？”

“这可是3万多元呐！”

“算个屁！今年以来，我哪个月不卖一两万？”

“那好。你先把这几个月漏的税补交了再说吧！”

“你？……天啊！”

这里，老欧用以制服冯某的招数，就是上楼抽梯术。

老欧深知，这场论辩的要害，是要让冯某承认其营业额的增大。讲道理，不通；硬压，不行，于是转换态度，利用税务部门为市场经营牵线搭桥的合法身份和正常职责，以冯某颇感兴趣的西装生意为梯子，适时地搭上了“营业额多少”这座高楼，很有分寸地逐步将冯某朝高楼上引，待其上得楼来，猛然搬梯。这样，冯某就不得不乖乖地补税了。上楼抽梯就像赶鸭子上架一样，一旦他上了道，就没有了退路，也就只有硬着头皮往下走了，因此也就会很容易地使其就范。

隋朝末年，隋炀帝荒淫残暴，生活奢华，弄得民不聊生，遍地饥荒，于是各地不断爆发农民起义，有些有实权的人，也拥兵自重，自立为王。当时还有一个谣言，说是：“杨氏当灭，李氏将兴。”炀帝心怀疑虑，将朝中大臣李密去职削官，李密投奔瓦岗寨起义军。炀帝又怀疑到另一大臣李浑身上，将他杀死。此时身为重臣的李渊坐卧不安，怕炀帝怀疑到自己头上，但李渊并无反叛之意。

到了隋炀帝十三年，多地反叛有数十起，炀帝江山岌岌可危。此时李渊任太原太守。裴寂是一个有战略眼光的人，他悄悄结交李渊的儿子李世民，密谋反叛，但必须动员尚有忠心的李渊一起行动，这样才能借助他的兵权成功。但是劝说异常艰苦，裴寂与李世民见长期这样下去终究不成，于是密谋，趁机行事，采用“上楼抽梯”的计策，切断李渊的退路，逼李渊造反。

有一天，裴寂在晋阳宫设下宴席，请李渊饮酒，二人相交已久，李渊也不怀疑，就高高兴兴地去了。

这晋阳宫是炀帝杨广的行宫之一，宫中设有外监，正副各一人。李渊为太原留守，兼领晋阳宫监，裴寂为副宫监。李渊身为宫监，到此赴宴，也正合情理。

裴寂与李渊坐定，美酒佳肴，依次献上，二人边喝边谈，十分快活，李渊开怀畅饮，一会儿就喝了几大杯，已有了几分醉意。忽然听到门帘一动，环佩声响，李渊定睛一看，走进两个美人，都生得如花似玉，十分俏丽。裴寂即指引两美人，左右分坐，进行劝酒。李渊已酒醉糊涂，也不问明来历，一味乱喝。

就这样，李渊醉卧晋阳宫，两个美人侍寝。

酣睡多时，酒已醒了大半，见有两个美人陪着，不由感到奇怪。李渊打起精神，问二人姓氏，一美人自称姓尹，一美人自称姓张。

李渊又问她们二人是哪里人，二人称是宫眷。李渊不禁大吃一惊，立即披衣跃起说："宫闱贵人，那得同枕共寝？这下我犯下死罪了。"

二美人却连忙劝慰："主上失德，南幸不回，各处已乱离得很，妾等非公保护，免不得遭人侮辱，所以裴副监特嘱妾等，早日托身，藉保性命。"

李渊频频摇头说："这……这事怎可行得？"一面说，一面走出寝门，走了几步，正巧遇着裴寂。李渊一把拉着裴寂，叫着裴寂的字说："玄真，玄真？你难道要害死我吗？"

裴寂笑着说："唐公？你为什么这般胆小？收纳一两个宫人，很是小事，就是那隋室江山，亦唾手可得。"

李渊道："我李家世受皇恩，不敢变志。"

李渊口说不敢变志，奈何退路一断，不反即死，他知与宫眷同寝的罪名是何等严重，那炀帝早对李姓人心怀疑虑，若他知晓这件事，一定会借口杀死自己，甚至诛灭九族，李渊只有反叛一条出路，再加上裴寂、李世民分析天下形势，讲清利害，终于坚定了李渊反叛的决心，最终建立大唐江山。

上楼抽梯术的关键是一要选准梯子，这个梯子一定要对对方有吸引力，才能诱导他"上楼"；二是要把握时机，迅速撤掉梯子；三是要对方明白没有梯子的危险性。只有这样，才能保证一定成功，整个过程需挖空心思，精巧策划，不能在任何环节出纰漏，因为对方一旦发现不对劲，所有的心计都白费了。

借钱
打天下

借鸡生蛋就是借势成事，在现实生活中常常用到。愚蠢的人都是杀鸡取卵，只顾眼前利益；而有心计的聪明人，便从养鸡着手，以至借鸡生蛋。

犹太人经商取得了世人瞩目的成就，他们成功的绝招之一就是“借鸡生蛋”。我们不妨来看看他们这方面的典型例子。

犹太人常说：骑马好找马。或曰：骑驴找马，总比徒步为强。或曰：好风凭借力，送我上青云。说的都是借鸡下蛋借助外力发展自己的道理。骑上一匹马，去捕捉另一匹马当然更容易。生意场上做事又何尝不是如此？人们都已经知道，犹太人做生意的基本形态是单人独家，是个体户，这种形态有诸多的好处，但也有其弱势。怎样克服其弱势的一面，是犹太人能否在市场中立于不败的大问题。而这一问题对于犹太人而言并非难事。犹太人的做法是：在自己的个体生意没有做下去的把握时，便采取联袂合作的方式，与别人共同发展，通过分成来进行原始积累，等有了资本、有了能力之后再复归原态，拉出去独干。为了借人之力，他们非常重视结交关系。犹太人常说：“先把个人关系搞定，再做生意。”“只要有关系(人际关系)，就没有关系了(问题)。”因此生意场上的犹太人个个都是建立良好关系的能手。据说许多犹太人为了拉关系，在白天搞推销只是记住对方的长相，等下班后就想方设法跟踪，摸清对方住址，带上礼物再去找对方。

有位叫本捷克的犹太青年去人地两生的地区做生意，不小心在上火车时踩着一位老者的脚，上车后恰又和老者坐了个尴尬的面对面。两人和解后他觉得这老者一定有身份，于是下车后非常热情地要邀请老人吃饭，又想法知道了他家的电话和住址，以后便经常带些小礼物去登门拜望。他的生意由此得到了老者的热情帮助，越做越火，越做越大。这便是典型的拉关系、借外力的例子。在犹太人看来，没有外力当然也要自行发展，有了外力就能更好地发展。外力内力合成一种亲和力，如此，生意如何不兴？商海中弄潮的犹太人不仅会拉人情关系，还会十分恰当地利用和限制既有的亲情关系。用街头旧艺班开场子的著名套话来体现犹太人出外闯世界的处世心态是再合适不过的。这句套话就是我们耳熟能详的“在家靠父母，出门靠朋友”。别小看这句话的艺术含量。

犹太人并不仅是嘴上说，实际上更注重于这么做。如果你与犹太人有交往，就不难找到他们当中的一些人帮助某个弱势同乡的例子。犹太人虽然也信奉交友之道在于“利”，但他们乐于在朋友身上花费却是毋庸置疑的。他们经常在节庆日设宴款待各路朋友，三教九流，什么人都有。当然，这种花费很大方，但后来的收益也会更多。

犹太商人是一群个性鲜明的生意人，他们走到哪里都颇引人关注。这不仅是因为他们的口音，更多的是因为他们出色的经营头脑和独特的经营方式。这也使得人们很容易将其同其他商人群体区分开来。犹太商人有一个特点：一旦有赚钱机会，在没有能力独自做成的情况下，他们便会招来三亲六戚，很快便能在当地形成一个智慧圈，开出一块经济“腾飞地”。

犹太商人具有准确的判断能力，他们能够很快判断出对方的能力、资历、信誉、实力等。在充分了解这些后，便开始同合作者展开合作。犹太人不论在经商、从政，还是在科技方面，都善于借别人之势，以及巧借别人之智来为自己获得最大的好处。

洛维格年轻时曾一度贫困，他当过一段时间的推销员，也从事过其他的很多职业。三年后，在一家公司，他凭着自信与毅力，为自己争取到了一家灯饰公司商场副经理的职位。做了两年多，在灯饰经营方面积累了不少经验。为了能更充分地发挥自己的能力，洛维格决定跳出来自立门户。

刚开始创业，困难自然不少。最大的“拦路虎”是资金不足，为此洛维格动了不少脑筋。1998年他承包了一个大型超市的巨型灯饰店，接手时这家店已陷于亏损。但洛维格不怕，他自己有经营灯饰的经验，客户方面也可以联系到不少。

只要找到用武之地，他就可以大展拳脚。从组织、策划、进货到经营销售，洛维格样样事都亲力亲为，常常忙得连午饭都顾不上吃。不到一年，灯饰店就“起死回生”，还净赚了好几万。承包经营，不必自己再去寻找铺位，购置设备、产品，只需出一些活动资金就可以了，这比起自己开店，需要的本钱要少得多。这样一方面解决了资金不足的困难；另一方面又可以在经营中不断地积累资金。用洛维格的话说，就是借别人的鸡，下自己的蛋。洛维格正是利用这种办法，走出创业的第一步。

每个人都渴望成功，每个人都希望自己是一个成功者，然而事实上，成功者只是少数，多数人终其一生都过着极普通的生活。他们渴望掌握“芝麻开门”的咒语，但他们始终未曾找到。

人的力量终是有限的。没有成功的人总认为是自己命不好，没生在富贵之家、权力之帮，他们怪父母，怪生不逢时，却从不怪自己，从没有从自身找原因。

对一些没有背景的人来说，其力量是很有限的，在没成功之前，更是有限的。这个时候，人有必要借助外部力量来达到目的，促进成功。

在人生苦苦奋斗的风雨中，人少不了去“借”这“借”那，借鸡下蛋只是其一，还有借花献佛和借风使船，这三借在人的成功中，是少不了的。

以色列某镇，有条河流穿镇而过，几十公里河段平均宽度三百多米。满河的黄沙和铁砂到底有多少，谁也没有计算过。该镇人民守着这一河“金沙”，一代又一代，望河长叹。政府思索了多年，想寻找一个可供开发的途径，让满河黄沙变成滚滚财源。

一个偶然的机会，一位犹太村民发现了机械淘沙的信息。政府对此进行了仔细分析，认为切实可行，便当即拍板：引资立项，共同开发，“借”一条“大船”出海淘金。下定决心后，立即派人前往发达地区，以诚恳的态度和优越的投资环境，取得了一商家的信任。

不久，商家来该镇考察，考察结果令商家非常满意，当即签订了意向性合同书。随后不久，签订了正式的合同书，并很快运来了大型采砂船及其他加工船只、设备，还带来资金800万美元，正式成立有限责任公司，选址河中段。经过紧张的船只制造、厂房建设和机械安装，很快便正式开工投产。该公司一期投资1000万美元，主要利用大型机械船开采铁砂，并就地加工成高品位冶金粉末。日平均开采量200吨，年产铁砂65万吨，年产值过千万美元，年可实现利润150万美元。

犹太人正是因为善于借钱打天下，使他们开创了一个又一个的商业神话。我们在办事的过程中，也要善于运用这种方法，使看似不可能的事情，得以顺利完成。

随行就市，懂得变通

3

在激烈竞争的现代社会中，要想很好地生存，就要学会像水一样适应环境。水本无形，也可以有形。放在桶里的水是圆的，放在箱子里的水是方的，它随势变，不拘一格。只有学会像水一样，善于随着周围环境的改变而改变，随行就市，不断调整自己，改变自己，使自己能够适应周围的大气候，才能在竞争中处于不败之地。

学会适应 方能改变

社会是一个大环境，而我们只是其中的一小部分。社会的力量非常大，大到我们根本就不能让它对我们有一点儿让步，所以要么我们去适应这个社会，要么被它淘汰。

那些单纯的人也许要说，我们每个人都是独一无二的，都有自己的个性，为什么我要去主动适应别人、适应环境、适应社会？社会为什么不能来适应我呢？

让社会改变去适应某个人可以说是不可能的，除非你先适应它，才有可能改变它，但这绝对不是在你初入社会时就能做到的，更不是抱着让社会适应你的想法时可能做到的。许多年轻人雄姿英发，刚进入社会就扬言要改变社会，改变所处环境的规则，可是最终的结果往往是在灰头土脸之后，不得不被社会改造。如果最终的结果是被改造，还不如自己先适应社会。如同动植物不能改变自然环境一样，只有通过进化去慢慢适应。

主动适应和被动适应最大的区别在于前者有可能真的改变社会，而后者却没有这样的机会。主动先改变自己是一种最好的适应，如今的社会之所以能继续下去，就是因为它得到了大多数人的认可。我们应该适应社会的积极面，抵制其消极面。在我们有了一定的能力之后，才有可能带动身边的人改变自己所处的环境。犹如千万年前的动物，因为适应改变，最终存活下来。

达尔文曾经说过：“应变力也是战斗力，而且是重要的战斗力。得以生存的不是最强大或最聪明的物种，而是最善变的物种。”也有一位经济学家说过：“千规律，万规律，经济规律仅一条：适者生存。”

小赵所在的公司要裁员，不过他却毫不担心，因为在他看来，自己作为行政经理，一直工作努力、业绩出色，裁员这种事是不会落到自己身上的。

没想到，几天之后，行政总监找他谈话，希望他能考虑一下，先到分公司的行政部工作一段时间。这个要求被小赵当场拒绝了，他认为凭借自己的能力和才干，去分公司工作太屈才了。不过，尽管他不同意调离，但几天之后，调令还是下来了。

小赵决定辞职，行政总监挽留他，希望他能再考虑一下，也希望他能体谅公司现在的难处，但小赵去意已决。行政总监见已无可挽回，便没再多说。不过，在小赵临走之前，他提出了一个要求，希望小赵晚上能到他家去，自己想为他饯行。

因平时总监对小赵很是器重，小赵没有拒绝。

小赵本以为，总监一定会在饭桌上再次挽留自己，可是没想到，总监一句没提工作的事情，而是为小赵放了一段电影。

总监播放的电影是一部科学纪录片，描述的是在白垩纪、侏罗纪时代地球上的种种生物，包括恐龙、鳄鱼、蜥蜴、变色龙等爬行动物。小赵实在想不出来这有什么好看的，不过既然答应了总监也只能勉强看完。

影片是随着恐龙的灭绝而结束的。小赵站起来要走的时候，总监忽然说了句奇怪的话："势力那么强大的恐龙灭绝了，而不占优势的蜥蜴却繁衍生息到现在。势强者的悲哀就在于此。蜥蜴虽然很弱小，比它大的动物几乎都是它的天敌，但它却在地球上生活了上亿年，蜥蜴的生存之道就是适应。适者生存，而不是势强生存啊！"回家的路上，小赵一遍又一遍地回味着总监的话。突然间，他明白了，自己原来就是职场上的那只"恐龙"。

接下来，小赵服从安排到分公司报到了。而且工作比原来更努力，业绩也更出色。半年之后，公司情况好转，总监又把小赵调回了总公司，而且给他升了职。

人们常说"与天奋斗，其乐无穷"，并将这当作是一个势强者的处世之道。事实上，单凭一时的冲动和盲目的自信，未必能达到目的。真正的强者能够让自己适应并利用一切现有的资源，通过整合后，让它们发挥出最大作用。这就好比打牌，有一手好牌不算什么，真正的高手是能用一手烂牌取得胜利的人。

在激烈竞争的现代社会中，要想很好地生存，就要学会像水一样适应环境。水本无形，也可以有形。放在桶里的水是圆的，放在箱子里的水是方的，它随势变，不拘一格。只有学会像水一样，善于随着周围环境的改变而改变，随行就市，不断调整自己，改变自己，使自己能够适应周围的大气候，才能在竞争中处于不败之地。

以曲求胜 事半功倍

生活中当我们遇到难题，正面难以解决时，如果能心眼活一些，不妨采取迂回的策略，以曲求胜，往往会事半功倍。

所谓心眼活，简单地说就是指能够根据实际情况的需要，及时调整自己的思维和策略，有点儿灵活性。只有具备了这种办事能力，才能在变化中永远使自己处于主动地位，保持不败。那么具体在办事的过程中，如何才能做到心眼活呢？

在现实生活中，我们任何时候都应该学会适应。同理，在办事儿时，也应当根据具体情况的变化及时改变自己的策略。

首先，心眼活的人不会一条道跑到黑。

有一则故事，能够给我们以启迪。

法国19世纪作家左拉，其处女作《给妮侬的故事》发表时，颇费一番波折：左拉捧着一叠书稿，先后光顾了三家出版商，向他们"推销"自己的作品，然而都吃了闭门羹。到出版商拉克斯瓦办公室外面的时候，他心里打起鼓来，担心再遭拒绝。这种出于维护自尊的考虑，使他采取了果断的行动。

那一天，左拉"砰"的一声推开了拉克斯瓦办公室的门，他冒冒失失地闯进来，手上捧着一叠书稿，上面写着《给妮侬的故事》。他毫无顾忌地开口就说："已经有三家出版商拒绝接受这部书稿了。"

拉克斯瓦愣住了，要知道从来没有一个作家会对出版商说自己的作品不受欢迎，如果这样，书稿肯定出版不了。可是，这个毛头小伙子居然一见面就坦率地宣告自己的碰壁。

不过，他随即又补充一句："我有才华。"

拉克斯瓦为这位青年人的坦率所感动，心想他倒不会吹牛，不妨看看他写得怎样……不久之后，便与左拉签订了出版合同。

拉克斯瓦终日泡在别的作者自吹自擂的气氛之中，心里其实希望能够听到作者说真话。左拉如实向他说明了情况，使他产生了信任感、真实感，于是他就给了他一次机会。

左拉最后获得成功，是因为改变了推荐自己作品的模式。“失败是成功之母”，但如果你一条道走到黑，那可能永远也没有成功的时候了。因此，要善于察言观色，该直率的时候直率，该含蓄的时候含蓄。

心眼活的人会适时地改变思维方式，不放过每一个溜到手边的机会。

一天，在英国麦克斯亚洲的法庭上，一位中年妇女声泪俱下，面对法官，严词指责丈夫有了外遇，要求和丈夫离婚。她对法官控诉了自己的丈夫，指责他不论白天还是黑夜，都要去运动场与那“第三者”见面。法官问这位中年妇女：“你丈夫的‘第三者’是谁？”她大声地回答：“‘第三者’就是臭名远扬、家喻户晓的足球。”

面对这种情况，法官啼笑皆非，不知如何是好，只得劝这位中年妇女说：“足球不是人，你要告也只能去控告生产足球的厂家。”不料，这位中年妇女果真向法院控告了一家年生产20万只足球的足球厂。

更让人意想不到的却是足球厂商在接到法院的传票后，不怒反喜，竟十分爽快地出庭，并主动提出愿意出资10万英镑作为这位中年妇女的孤独赔偿费。

这场足球引起的官司自然在全英国产生了巨大的轰动效应，各家新闻媒体纷纷出动，做了大量的报道。头脑精明的厂长，敏锐地利用了一次非常糟糕的事件，借机大做文章，没花一分钱的广告费，却让他和他的足球厂名声大振。

这位足球厂厂长在接受记者采访时说：“这位太太与其丈夫闹离婚，正说明我们厂生产的足球魅力之大，并且她的控词为我厂做了一次绝妙的广告。”后来，这家足球厂的产品销量因此直线上升，成为同行中的“领头羊”。

如果说这家足球厂对这个妇女的控告置之不理，或者与她坚持到底，毁掉的不仅是自己足球厂的名声，而且会浪费大量的精力。而足球厂的厂长变换了一下思维，将一场麻烦的官司变成了提升自己足球厂知名度的免费广告，最终大获其利。

其次，心眼活的人会随时调整，使自己适应方向。

所谓死板就是不灵活，就是不懂得应变，办事缺乏灵活性和针对性，用一种态度、一种方式对待所有的人和事。过分死板者一般都不善于从对方的需要和好恶出发去选择自己的言语和行为方式。他们往往把这种改变看做是油滑，看做是对原则的违背和对道德的亵渎；他们也缺乏对人的心理微妙变化的体察和灵活多样的处世方法。这种观念上的误导和能力上的缺陷合在一起，就大大制约了死板者的社交能力和交往效果，往往会得到事与愿违的结果。

当我们在处理问题的过程中，要及时地根据地点等不同的情况而发生变化，进而来审视和调节自己，适时地采取相应的变通措施，才可能避免或减少失败。事变我变，人变我也变，不要把希望只盯在某一点上。这样成功的可能性就变大了。

我们不妨看一个简单例子：某地有一名教师，由于某些原因辞职经商，与他人合作，办了一个电器维修和电子产品的经营商店。可是经营的不景气，他立即改变门路，与合作者反复商谈，办了一所电器维修学校。结果报名的人络绎不绝，最终他获得了成功。

心眼活的人心里都有一杆秤，随时随地都会称量一下自己的分量。从来不做烧火棍子一头热的事。

有一位男青年，自己才能、相貌平平，却偏偏爱上了一个刚分配来的女大学生。他对这位漂亮的已有对象的姑娘大献殷勤，结果是屡遭拒绝，最终失败。通过这个例子，我们很容易发现，这位男青年失败的原因在于没有去冷静分析对方的情况，没有发现自己有意而对方无心。这就叫做“烧火棍子一头热”，自然很难成功。

我们在办事之前，要先衡量一下彼此间的分量。古人云：“知己知彼，百战不殆。”你对自己都没有个正确的、客观的认识，摸不清自己的“底”，盲目地瞎撞，又怎么会获得成功呢？

例如，一位正在求职的女性，当她面对两种选择的时候——是应聘某公司秘书一职呢，还是应聘某厂招收的普通工呢，她选择了前者。结果是失败而回，又错过了某厂招工的机会，使得自己在很长的一段时间内都显得萎靡不振，对自己也失去了信心。

显然，这位青年就是没有对自己做一个正确的评价，对应聘秘书一职的成功率心中没有数，因而作出了错误的选择。

因此，我们做事的时候，要在两厢情愿或者与自己的实力相当的情况下再去做，以免自己一意孤行，最终导致失败。

总之，每个人都应该练就一种相机行事、随机应变的生存本领。如果能识时务、善于察言观色，抓准机遇，就可能突破逆境，实现长足发展；反之，因循守旧、“铁板一块”，又怎能在瞬息万变的社会中搏击风浪、力主沉浮呢？

懂得低头 方可抬头

有这样一副对联，不但写得十分有趣，而且道出了低调做人的真谛——上联是：“做杂事兼杂学当杂家杂七杂八尤有趣”，下联是：“先爬行后爬坡再爬山爬来爬去终登顶”，横批是：“低调做人”。

低调做人意味着“高”而“深藏不露”。“高”是“藏”的前提，而这“深藏不露”，也使得这种“低调”拥有了特殊的魅力。

那么，到底什么是低调呢？低调是一种优雅的人生态度。它代表着豁达，代表着成熟和理性，它是和含蓄联系在一起的，它是一种博大的胸怀、超然洒脱的态度，也是人类个性最高的境界之一。

低调的人并不是与世隔绝，而是在社会交往中保持了一个真实的自我，他们不矫揉造作，他们不惺惺作态，这使他们在这个充满诱惑的世界上不至于迷失自我，易于被人接受。

一个人应该和周围的环境相适应，适者生存。曲高者，和心寡；木秀于林，风必摧之；人浮于众，众必毁之。低调做人才能保持一颗平凡的心，才不至于被外界所左右，才能够冷静，才能够务实，这是一个人成就大事最起码的前提。

商界巨子李嘉诚，在他的儿子李泽楷进入商界时曾有过这样一句训话：“树大招风，低调做人。”可见，成功人士更懂得“风头不可出尽，便宜不可占尽”的道理。所以，他们用低调来保持自己的成功，这可谓是一种聪明的做人哲学。

在我们的日常生活中，形形色色、各式各样的人都有，与人相处，无论是生活中还是工作中，只要你稍微有点处理不当，就很有可能招来不少麻烦。轻者，工作不愉快；重者，影响自己的职业生涯。因此，在与人相处的艺术中，低调做人相当重要，特别是在与小人的相处中，更加重要。

学会低调做人就是不要把自己的心理能量浪费在无谓的人际斗争中，即使你认为自己的能力比别人强，即使你认为自己满腹才华，也要学会保留，学会隐藏，学会克制，这是保护自己的有效手段，也是一种能量的内敛。不招人嫌、不卷进是非、不招人嫉妒、无声无息地把自己要做的事情做好，出色地完成自己的任务，永远都是最重要的事情，我们不要抱怨自己的功绩成了别人的功德，不要抱怨自己怀才不遇，不要自视清高，不要招摇过市，那是一种肤浅的行为。我们要相信：我们还有很多不懂的，不懂的比懂的多；我们同样要相信：世界上水平高的人比不如我们的人多。

作为年轻人，有冲劲，敢闯敢拼确实不错，但是什么事情都要有度，凡事都是过犹不及。真理再向前一步就是谬论，所以，我们应该时刻保持冷静，做人要低调。低调做人是一种境界，一种修炼。即使随波逐流，也不要成为有个性的异类。不要想着自己什么时候都是焦点，都是明星，有时候做一个无名小卒更合适。

美国开国元勋之一的富兰克林年轻时，去一位老前辈的家中做客，昂首挺胸走进一座低矮的小茅屋，一进门，“嘭”的一声，他的额头撞在门框上，青肿了一大块。老前辈笑着出来迎接说：“很痛吧？你知道吗？这是你今天来拜访我最大的收获。一个人要想洞明世事，练达人情，就必须时刻记住低头。”富兰克林记住了，也成功了。

低调做人，是一种品格，一种修养，一种胸襟，一种智慧，一种姿态，一种风度，更是一种谋略，是做人的最佳姿态。欲成事者必要宽容于人，进而为人们所容纳、所赞赏、所钦佩，这正是人能立世的根基。根基坚固，才有枝繁叶茂，硕果累累；倘若根基浅薄，便难免枝衰叶弱，不禁风雨。而低调做人就是在社会上加固立世根基的绝好姿态。低调做人，不仅可以保护自己、融入人群，与人们和谐相处，也可以让人暗蓄力量、悄然潜行，在不显山不露水中成就事业。

低调做人不仅是一种境界，一种风范，更是一种哲学。绝大多数事业有成者都或多或少受到过这一哲学思想的启示。

达·芬奇曾说：“微少知识使人骄傲，丰富的知识使人谦逊，所以空心的禾秆高傲地举头向天，而充实的禾穗，却低头向着大地，向着它们的母亲。”对所有的人来说，心可以激昂，但是行为却应该低调。你越是地位高，资历深，越要以平和谦恭的姿态对人，如果你给人以仰之弥高，遥而不可及的感受，那么人们只能敬而远之，把你束之高阁。愈成熟的麦穗，愈懂得弯腰；或者，我们也可以来个逆向思考，愈懂得弯腰，才会愈成熟。保持谦虚和拥有成也许就像鱼与熊掌般难以兼得，但却绝对不是二选一的单选题，只要随时提醒自己，放下专业的身份，愿意诚恳地和比你资历浅或职务低的人好好沟通，拥有成就的同时，依然可以保持谦虚的心胸。

有专业素养、也很会做事，的确是成就自我的重要基础，友善的态度和低调的心态，却也是不可或缺的要件。

改变态度，不可能也会成为可能

也许自己的才艺没有被人所理解和赏识，或者自己本身无才无艺可以为人所用，那么就要不断地去学习，去请教别人，直到充实了自己，而且尽量要从自己本身寻找不被任用的原因，加以改正。这就是孔子所说的“吾不试，故艺”。在现实中，许许多多的人虽才华横溢却沦为平庸，其主要原因就在于心态。工作之中问题丛生，这是不可回避的现实。如果一碰到问题，就想逃避，一遇到困难就自怨自艾，那么你就永远不要奢望什么好的工作成果了。抱持这种消极心态的人，永远都不可能取得任何成就。

当一个人心态消极，对自己的没有信心的时候，就会使解决问题的成功几率大打折扣。改变态度，一切都将迎刃而解。

如果你希望能够尽快解决并做好自己的工作，就要把藏在心里的“不可能”赶走，当你把“不可能”变成“不，可能”时，再大的难题也都会迎刃而解。

罗宾大学毕业后，非常幸运地进入当地一家报社任记者。而且，工作也很努力。这天，他的上司给他布置了一项大任务——采访大法官布兰代斯。

罗宾接到任务后不是欣喜若狂，而是愁眉苦脸。他想：自己的报社不是当地的一流报社，自己也只是一个名不见经传的小记者，大法官布兰代斯不知道会不会愿意同我交谈。

罗宾思前想后，决定推掉这项任务。上司亚诺德听完他的推脱理由后，微微一笑，并没有批评他，而是深有感触地说：“我很了解你现在的感受。让我来打个比方，这就好比躲在阴暗的房子里，想到外面的阳光多么的炽热。其实，最简单有效的方法就是积极地面对，跨出第一步。”

说完，亚诺德拿起桌上的电话，接通了大法官秘书的电话。然后，他直截了当地道出了他的请求："我是某某报社记者罗宾，我奉命访问法官，不知他今天能否接见我几分钟。"很快，罗宾听到亚诺德的答话："谢谢你，1:15分，我准时到。"瞧，就这么简单，亚诺德掂了掂话筒："明天中午1:15分，你的约会定好了。"

罗宾似乎明白了点什么，点了点头。结果，他的采访很顺利。

很多时候，"消极的思维"会使困难在想象中放大一百倍，而当你以积极的态度去面对时，就会发现那些问题与困难根本微不足道。总而言之，优秀人士与平庸之辈的差别就在于心态，他们以积极的心态面对自己的工作。

已故的佛里德利·威尔森，曾经是纽约中央铁路公司的总裁。有一次，在接受采访时，被问到如何才能使事业成功，他说："一个优秀的人，不论是在挖土，或者是在经营大公司，他都会认为自己的工作是一项神圣的使命。不论工作条件有多么困难，或需要多么艰难的训练，要始终用积极负责的态度去进行。只要抱着这种态度，任何人都会成功，也一定能达到目的，实现目标。"

以积极的心态面对工作，主动解决工作中遇到的难题，破除达成任务的障碍，是每一位员工应尽的义务和责任，也是晋升卓越的必由之路。不管你所做的工作困难还是容易，你所承担的责任是大是小，你都必须以积极负责的态度去面对，从中找出神圣的使命，尽善尽美地把它做好。

什么事情总是差强人意，不以十足的精神做好、精益求精；在工作过程中推三阻四，固步自封，不思反省；懒散、消极、抱怨、怀疑；以各种借口来掩饰自己的差错，这些都是极不负责任的表现。

敷衍塞责无疑就是一种消极的表现，这种消极甚至比不相信、不勇敢更具杀伤力，因为它直接影响的是一个人的灵魂，它会损害人的责任感，损伤人的敬业意识和诚实精神，而这些正是一个人立于职场，并做出成绩的基础和保障。没有一个人会欣赏一个对工作敷衍了事的人，不管是上司、同事，还是下属，都对这样的人嗤之以鼻。只有转变这种敷衍了事的消极态度，你才能在职场中立足，才能解决不被重视、不受重用、业绩不彰、不被同事支持等一系列问题，才能走上一条光明的职业之路。

米勒是一个公司的小职员，可是他对自己的工作很不满意，他愤然地对朋友说："我在公司里的工资是最低的，可是我做的工作却没有那么轻松，老板也不把我放在眼里。如果再这样下去，我就辞职不干了。"

"那么，我想问问你，你熟悉公司的经营状况吗，你对于做贸易生意的经验都掌握了吗？"他的朋友问他。"没有，学那个有什么用，还不是被人看不起。"米勒漫不经心地回答他的朋友。"我建议你先静下心来，不要辞职，全心全意地投入到工作中，抱着积极的态度，好好地把他们的贸易技巧、商业文书和公司组织完全搞通，甚至包括签订合同，都弄懂了之后再作决定。这样，你可能会有许多收获。"

米勒点了点头。从此，一改往日散漫的习惯，刻苦学习，钻研专业。下班后，还常常在办公室里研究商业文书的写法。

过了一段时间后，他和朋友又见面了。"是不是准备拍桌子不干了，然后冲老板大吼之后，走出公司？"那位朋友问他。"不，完全不是那样，这几个月来，老板对我刮目相看。最近，更是委以重任，又升职，又加薪，我都快成了公司里的红人了。"米勒对他的朋友说。

"哈哈，我早就知道你会这样的，"他的朋友笑着说，"因为你在工作中自由散漫，敷衍了事，又不努力学习，所以，老板才不会重视你。现在，你的工作态度这么积极，担当的任务多了，能力也强了，当然会令他刮目相看了。"

轻视自己的工作也是一种相当可怕的消极心态。当一个人看不起自己的工作时，他就会变得消极散漫、毫无热情，他就会把时间用在抱怨、偷懒和逃避责任上，而不是积极地想办法使自己的工作效率变得更高，解决工作中的难题，从而提高工作质量。无疑这种心态会使他们停滞不前，最终沦为平庸。

三百六十行，行行出状元。任何的工作，都是为了一定目标才去做的。所以，没有高低贵贱之分，每一个行业都是令人敬佩的。同时。自己更要尊重自己的行业，热爱自己的行业，这样，才能在平凡的岗位中做出不平凡的业绩，才会令别人刮目相看，才会得到别人的尊重。

如果你是一名清洁工，清扫马路的时候，同时也是扫去了你们心头的不快，扫出了城市的文明；如果你是一个普通的员工，在平凡的岗位上，只有你兢兢业业的付出，才有整个企业的运转顺利；如果你是一位学校的老师，每天怀着积极的心态，就会从按部就班的教学工作中，感受到园丁浇灌花蕾的快乐。有了这种心态，你在工作的过程中，就会变得很快乐，所有的烦恼都会被抛到九霄云外去。

尊重自己的工作就是尊重我们自己。只有以积极的心态认真地做好自己的工作，才能赢得承担更重要责任的机会。

积极进取，做好机遇来临时的准备

在日常工作和生活中，我们可以随处找到时常抱怨的人。抱怨自己的专业不好，抱怨住处很差，抱怨没有一个好爸爸，抱怨工作差、工资少，抱怨空怀一身绝技没人赏识你。其实，现实有太多的不如意，抱怨无用，牢骚再多，处境也不会有丝毫改变。职务也不会有变化，能力也不会增长，只能是感到越来越多的事对自己不公。而这些不公，往往是自找的，与他人无关。积极的人是不抱怨的，就算生活给他的是一堆垃圾，他也能把垃圾踩在脚底下，登上世界之巅。

在现实工作中，有太多人虽然受过很好的教育，并且才华横溢，但在公司里却长期得不到提升，主要是因为他们不愿意自我反省，总是怀疑环境，对工作抱怨不休。工作中时常表现出这样的情况：一项任务交代下来后，如果上司不追问，结果十有八九会不了了之；有些事情，如果上级不跟踪落实，就很难有令人满意的反馈；还有的人面对布置的工作常常只会睁大眼睛，满脸狐疑地反问上司："怎样做？""这事我不知道啊？"抱怨的人很少积极想办法去解决问题，总认为工作就是给老板做的。其实，工作是自己的，工作中应该做的一切事都要去做，因为那是每一个员工的义务。

"记住，这是你的工作！"美国前教育部长威廉·贝内特说，"工作是需要我们用生命去做的事。"每一位员工都应记牢这句话。哪怕遇到困难，我们也不能找任何借口，也不要进行任何没有必要的抱怨。

还有大多数人认为，只要把自己的本职工作做好，把分内的事做好，就可以万事大吉了。当接到老板或上司安排的额外工作时，就老大不愿意，不是满脸的不情愿，就是愁眉不展，唠唠叨叨地抱怨不停。

在彼得担任汽车公司经理时，有一天晚上，公司有十分紧急的事，要发通告信给所有的营业处，所以需要抽调一些员工协助，当彼得安排一个做书记员的下属去帮忙套信封时，那个职员傲慢地说：“那有碍我的身份。分外的事我不做，再说我到公司来不是做套信封工作的。”

听了这话，彼得一下子就愤怒了，但他仍平静地说：“既然不是你分内的事就不做，那就请你另谋高就吧！”那个员工就这样失去了工作。

抱怨分外的工作，不是有气度和有职业精神的表现。一个勇于负重、任劳任怨、被老板器重的员工，不仅体现在认真做好本职工作上，也体现为愿意接受额外的工作，能够主动为上司分忧解难。因为额外工作对公司来说往往是紧急而重要的，尽心尽力地完成它是敬业精神的良好体现。

如果你想成功，除了努力做好本职工作以外，你还要经常去做一些分外的事。因为只有这样，你才能时刻保持斗志，才能在工作中不断地锻炼、充实自己，才能引起别人的注意。

菲利浦是一家公司的员工，他的升迁是非常迅速的，为什么他会得到一再提拔呢？原因就是他乐意去做他分外的事，从而引起了老板的注意。

菲利浦总是在忙完自己的工作后，不断地为他人提供服务和帮助，不管那个人是他的同事还是上司。菲利浦将那些分外的工作也当做自己的事来做，任劳任怨，不计报酬。渐渐地，老板有了只找菲利浦帮一个小忙或分担一些重要工作的习惯。

接到额外工作时，不要愁眉不展，抱怨不停，多做分外工作对你的成功大有好处。它不仅会使你获得良好的声誉，多一次学习和锻炼的机会，而且还是一笔巨大的无形财富。它会使你尽快地从工作中成长起来。

如果抱怨成了一个人的习惯，就像搬起石头砸自己的脚，于人无益，于己不利，生活就成了牢笼一般，处处不顺，处处不满；反之，你则会明白，自由的生活着，其实本身就是最大的幸福，怎么会有那么多的抱怨，

伟大的航海家哥伦布，曾先后4次率领船队横渡大西洋，发现了加勒比海内所有的岛屿，以及中美洲地峡和南美洲大陆。他能够在航海事业上取得如此大的成就，远离抱怨是其中一个重要原因。哥伦布的成功是多种因素构成的。但是，

如果他遇到困难的时候总是抱怨个不停，他就不能果断地采取行动，就不能找到陆地，更不能安全返回西班牙。他的与众不同之处，就是远离抱怨，冷静地面对现实，接受事实，并积极想办法解决问题。这才是一个成功者遇到问题时应该采取的态度。

如果我们想抱怨，生活中的一切都会成为我们抱怨的对象；如果我们不抱怨，生活中的一切都值得我们欣赏。没有一种生活是完美的，也没有一种生活会让人完全满意，如果我们经常怨天尤人，久而久之就会成为一种习惯，就像搬起石头砸自己的脚，与人无益，于己不利，生活也就成了牢笼。

我们不能改变天气，但是可以改变心情；我们不能改变容貌，但是可以选择表情；我们不能预知明天，但是可以用好今天。生活本来就是由酸、甜、苦、辣组成的，面对一些事情我们不妨放弃怨天尤人，与其抱怨，不如改变，换一个角度，更加努力，以积极进取的态度去面对人生，无论在学习、工作上，还是生活上。我们前进的道路上或许有鲜花和掌声，同时也会有困难和挫折，事事不可能一帆风顺，但有了积极进取的精神，在生活中就会奋发向上，不甘落后，因为人生只是短暂的一瞬，生命的弓弦应该是紧绷不松的。生命不息，奋斗不止，应该是每个人生存的原则。要把握机遇，就要积极进取，时刻准备着。机遇不会随便来到你的身边，即使有幸到来了，如果你没有准备，也是来去一场空。我们要抛弃抱怨的心态，积极进取，做一个机遇喜欢光顾的人。

懂得自省并能接受不同声音

每一个人在生活当中都难免会做错事，做错事自然会受到批评，这本是再自然不过的事情了。可年轻人心高气傲，即使做错了事，在听到别人的批评时，也都或多或少的会有一些反感，他们对待批评的表现也各种各样：有的人害怕批评或者不愿意接受批评；有的人对待别人的批评，满不在乎；有的人对待别人的批评，心怀不满；有的人对待别人的批评，恣意报复；有的人对待别人的批评，强词夺理……可是不知道大家有没有想过，但凡批评，一般都有批评的理由，受到批评的人一定是自己哪方面出了问题。批评不全是坏事，这恰恰能让我们看到那个不完美的自己。那些虚心的人，他们总是会积极地听取批评，接受批评，然后在改正错误的过程中不断完善自我。可以说，对待批评的态度，也决定了不同的人生归宿。

法国作家拉劳士福古曾说：“敌人对我们的看法比我们自己的观点可能更接近事实。”这句话是有道理的，可是被人批评时，不管正确与否，人总是极为不满。人肯定是喜欢被赞扬，讨厌被批评的。我们并非逻辑的动物，而是情绪的动物。我们的理性就像狂风暴雨下汪洋中的一叶扁舟。听到别人谈论我们的缺点时，我们不要大发雷霆地去辩解，你不妨告诉自己：“等一下……我本来就不完美，世界上哪有十全十美的人。连爱因斯坦都承认自己99%的结论是错误的，我起码也有犯错误的权利。”这样，你很快会怒火全消。

面对批评，我们来看林肯是如何处理的。林肯的军务部长爱德华·史丹顿就曾经大骂过总统。事情是这样的：林肯为了取悦一些自私自利的政客，签署了一次调动兵团的命令。史丹顿不但拒绝执行林肯的命令，而且还指责林肯签署这项命令愚不可及。有人告诉林肯这件事，林肯平静地回答：“史丹顿如果骂我愚蠢，我多半是真的笨，因为他几乎总是对的。我会亲自跟他谈一谈。”林肯真的去看望了史丹顿，并收回了成命。林肯的谦虚终于赢得了政敌支持，就是这个曾经大骂林肯是“坐在白宫里搔痒的大猩猩”的史丹顿，在林肯奄奄一息的时候流着热泪说“这里躺着的是历史上最完美的统治者”。

如果说林肯是伟大的政治家，具有常人不具备的广阔的视野和博大的胸襟，那么，一个普通厨师的故事，让我们从另一个侧面看到了接受批评会给我们带来什么。

乔治是一名厨师，在纽约郊外著名的卡瑞月湖度假村工作。一个周末，度假村的客人非常多，乔治正在厨房忙个不停。这时候，一位服务生端着一个盘子走进厨房对他说：“乔治，有位客人抱怨这道油炸马铃薯切得太厚了。”

乔治看了一下盘子，这跟以往的油炸马铃薯并没有什么不同啊。从来也没有客人抱怨过切得太厚，为什么这个客人如此挑剔。虽然心中有些不快，但他还是心平气和地重新炸了一盘切得比较薄的马铃薯让服务生送了过去。

没想到，几分钟后，服务又气呼呼地端着盘子走回厨房，对乔治说：“我想那位挑剔的客人一定是生意上遭遇困难，然后将气借着马铃薯发泄在我身上，他对我发了顿牢骚，还是嫌马铃薯切得太厚。”

乔治在忙碌的厨房也很生气，从没见过这样的客人！但他还是忍住了脾气，静下心来，耐着性子将马铃薯切成更薄的片儿，之后放入油锅中炸成了金黄色，捞起放入盘子后，又在上面撒了些盐，然后第三次请服务生送过去。

没过多久后，服务生又端着盘子走进厨房。但是，这回盘子里空无一物，服务生对乔治说：“客人满意极了。餐厅的其他客人也都赞不绝口，他们要再来几份。”

从此，这道薄薄的油炸马铃薯从此成了乔治的招牌菜，并发展成各种口味，今天已经是全世界不同地域的人都喜爱的休闲零食了。

薯片如今已经成为风靡于全世界各个角落的一种零食，而它其实正是“接受批评”的“产物”。

如果乔治没能忍住客人的挑剔，不能虚心接受批评，恐怕现在人们就吃不到这么美味的薯片了。

一位香皂推销员，甚至主动要求人家给他批评。当他开始为高露洁推销香皂时，订单少得可怜。他担心会失业，他确信产品或价格都没有问题，所以问题一定是出在他自己身上。每当他推销失败，他都会在街上边走边想是什么地方做得不对，是表达得不够有说服力？还是热情不足？有时他会再回去，问那位商家："我不是回来卖给你香皂的，我希望能得到你的意见与指正。请你告诉我，我刚才什么地方做错了？你的经验比我丰富，事业又成功。请给我一点指正，直言无妨，请不必保留。"

他这个态度为他赢得许多友谊，以及珍贵的忠告。

想知道他后来的发展吗？他后来升任高露洁公司总裁，高露洁公司是当代最大的香皂公司。他就是立特先生。

低调者善于听取批评，这既是对别人的尊重，也是对自己的爱护。因为这不仅是一种自强不息、积极进取的精神风貌，而且是一种豁达、开明的思想境界。所以说，有时候批评自有批评的道理，如果我们能在面对批评时，冷静、克制地静下心来，仔细想一想，也许能在看似不成功的表现中，找到自己进步和成功的阶梯。

主动地接受批评，让别人指出自己的不足，这就是一种博大的胸怀。很多事实都可以证明，有了这种胸怀的年轻人，一定会大有作为。

可坚持而不可固执

本来执着于某个信念的人，应该是一个坚定的人，一个值得尊重的人，在一般情况下，“执着”是褒义词，是一种优秀的品质，但是如果执着走了极端，那就是固执了。所谓执着走到极端，也就是说一个人对某件事、某个人、某种理念过于专注，以至于误入歧途也在所不悔。患有固执这种心理情结的人，往往走极端，死不回头，还自以为是。

时常会见到这样的人，他们倔强固执，认准一条道走到黑，即使到了黄河也不死心。他们把接受别人的劝告看成是服输，觉得输了就暴露了自己的无能。他们都普遍存在“先入为主，自以为是”的缺陷，一旦一种想法或决定在他们的脑子里形成了，就等于扎下了坚实有力的根基，不管外力作用如何巨大，都无法改变他们头脑中原有的看法。

这实际上等于把自己封闭在狭小的空间里，形同井底之蛙，即使出了井口也不能在外界环境中怡然自得地生存，只好再逃回井底。固执之人通常不会接受别人的意见，头脑容易发热，心中充满不切实际的梦想，非常自负，非常相信自己的智慧和能力。他们坚信只有自己是正确的，特别是一些有点权力的人，他们对别人态度傲慢，不屑一顾，很少听取和采纳别人的意见。他们经常对别人发号施令，口气不容置疑，即使你告诉他命令有不周到之处，他也不会有任何的更改，而是一定坚持要你按照他的指令去做。他们个性孤傲，对人冷若冰霜，一副拒人于千里之外、从不把别人放在眼里的姿态。这种类型的人一般都有优秀之处，在某一方面或某些方面比较精通，或者因为特殊的原因，手中掌握了一定的权力，有一定的社会地位，这是他们固执的资本，他们从不认为自己会有错误的时候，对自己的眼光和能力深信不疑。

刚愎之人，多是无礼之人；无礼之人，多是孤立之人；孤立之人，多是最终失败的人。大凡具有大将风度之人，多具有谦逊的品德，而刚愎之人，骨子里总是透着一股小家子气。糟糕的是既刚愎而又无能之人，刚愎使他什么都敢干，无能使他把所有的事情都搞得一团糟。有时固执之人尽管已感觉到自己错了，但仍坚持自己的看法和做法，而这一点最让周围的人受不了。固执是刚愎者的一个表现，他想获得想要的东西，别人越反对，他就越是非要不可。这种固执让别人讨厌，长此以往，就会发现别人都躲着自己。因此，从近处来说，固执不利于人的社会交往，会限制一个人的发展，从远处来说，固执会断送一个人的前程。

极端固执的危害是不言而喻的，我们就应该彻底摈弃它，要经常告诫自己：一时的看法，不一定适用于所有时候。第一感觉，毕竟是不全面的，要学会变得灵活一点。只有这样，在时间、地点、人物发生变化的时候，才不会死抱着原有的看法不变。在生活中，如果都能摒除盲目刚愎心理，善于倾听、接受别人的意见和建议，我们就能避免失败和挫折，实现我们的目的，获得事业的成功。

一个人只有正确认识自己，才不会固执，因为越是不能客观评价自己的人，越容易自以为是，自己总是以自己的方法去证明自己是对的。结果，适得其反。同时，固执的人还要正确看待他人，只有正确看待别人，才不会因为别人某时某地一时的表现而对他持不全面的看法。要增加自己的耐性，以开阔的心胸包容所有事物，多与不同性格、爱好的人接触，学习接受他人的长处，不要一味地坚持自己固有的观念，寸有所长，尺有所短，取长补短，方能完善自己的人生。不要总是要求别人按照你的意见去做，对于善意的批评，要有接受的勇气，利用别人的批评，反省一下自己的所作所为，对于有益的建议，更要虚心接受。

人类致命的弱点，就是容易犯自以为是的毛病，所以在实际工作中通过观察就能解决的事情，就要亲自做一番调查研究，这样容易避免固执己见。再就是多与思想开放的人交往。当你与思想开放的人交往的时候，受其影响，你会变得同样的开放。所谓“近朱者赤”就是这个意思。所以，多与这样的人交往，会让你消除自己的刚愎。多与人交流，学会付出，也学会接受，长此以往，性格就会慢慢改变，人也自然不会再固执了。

一个人只有超越了固执，才能获得成熟，一次超越便是一次新生；一次超越便是一次开拓；一次超越便是一次创造。人生，就在无数次超越中臻于充实和完美。

心可高 但气不能傲

假如你和朋友、同事或上司产生了冲突，论力量，你是鸡蛋，而对方是石头，你怎么办？是像头脑简单的拼命三郎那样以卵击石，白白地送命呢，还是避其锋芒，等自己也变成石头，变成比对方更大的石头再有所图谋呢？选择前者还是后者，就可以从中看出你是办大事还是办不成大事的人了。

试想，为争一时之气而拼个你死我活，于己于事又有何益呢？泰山压顶，先弯一下腰又何妨？折断了就永远断了，而弯一下腰还有挺起的机会。

明太祖朱元璋在位时，有一位吏部科给事中，名叫王朴，曾因直谏，犯了龙颜而被罢官。不久，又被起用做御史，他马上评议当时的时政。在朝廷之上，多次与皇帝争辩是非，不肯屈服。

一日，为一事与明太祖争辩得很厉害。太祖一时非常恼怒，命令杀了他。等临刑走到街上，太祖又把他召回来，问："你改变自己的主意了吗？"王朴回答说："陛下不认为我是无用之人，提拔我担任御史，奈何摧残侮辱到这个地步？假如我没有罪，怎么能杀我？有罪何必又让我活下去？我今天只求速死！"朱元璋大怒，赶紧催促左右立即执行死刑。

不是说生性耿直不好，但王朴实在是太不开窍了，心中那种傲气犟劲一产生就消失不了，而且越来越旺，连皇帝给他机会都不要。这固然是受愚忠的毒害，但也与他心高气傲、不懂处世策略有很大关系。他不懂得"弯"与"折"的辩证法——尤其在一言九鼎的皇帝面前，以致毫无价值地送了自己的小命。而下面这个发生在现实中的故事也许能更形象地说明这个道理。

张某是学经济的，大学毕业后，分配在省城的一所大学里教书，虽然已在省城安家立业，但每年都要回一次老家。每一次回家，他的心灵就被震撼一次，改革开放这么久了，家乡的山依旧荒芜，乡亲们的生活依旧贫困。

张某决心为家乡闯出一条致富之路。他毅然辞去大学的教职，回到家乡承包了40亩荒地，开始建造他的示范农场。

可是，不到两个月，他就和村干部们发生了冲突。一次，因为干部吃吃喝喝，张某当面提了意见，他坦诚地说："论辈分，你们都是我的叔叔大爷。可群众生活这么苦，干部不应该这样多吃多占。"干部们一愣，多少年了，还没有人敢当面说他们的不是呢。他们手捏酒盅，小声议论说："这小子，读了几年书，就翘尾巴！"

又一次，因为乡里干部们按亲疏远近划分宅基地，张某找干部评理，又一次得罪了乡里干部。

张某动用自己的全部积蓄，在山上盖起了石屋，开始了农场的建造，可是，他遇到了一连串的麻烦：实施计划需要的炸药，要乡里干部开证明才能购买，他受到了无端的刁难；农场需要资金，他又遭到乡里干部的冷眼……有人劝张某为了你的事业，去找干部服软认错，以换得他们的理解和支持，或是给有实权的部门送点礼，换取贷款，否则你将一事无成。张某口气强硬："做人要有人格，我绝不向卑劣的行为卑躬屈膝。"

张某最终只能无奈地守着空屋，守着他的农场，守着他的人生梦想。

另一位大学生李某是学工科的，毕业后分配在县城工作。他嫌机关太冷清，主动要求到基层工作，以便实现他的抱负——开发山里的矿产资源，造福家乡父老。

刚出校门一个月，他也有过类似张某的遭遇。那是在建造家乡选矿厂时，李某发现，用来建厂的大部分钢材被领导拿去送人了。他气愤地去找领导质问："你怎么能拿公有的东西随便送人呢？"领导拍了拍李某的肩膀，开导说："你呀，刚出校门，不懂得人情世故，搞设计不能死抠实际需求量，还必须把一些人为的损耗加进去，这是大学里学不到的知识。”

李某恍然大悟，不再坚持自己的意见。这样，他安然度过了自己步入社会的第一个险滩。在领导的眼里，李某能干而又听话。几个月后，他被任命为副乡长。

李某为改变家乡的面貌处心积虑，四处奔波。与此同时，他也不得不一次次地做了许多违背自己初衷的事，但他又一次次地原谅了自己。

人们夸奖李某脑子特别灵活。的确，通过几年的奔波建厂，李某悟通不少“人情世故”。他拉关系、走后门、请客送礼的技巧，已经到了炉火纯青的地步。很自然地，李某面前的红灯少，绿灯多。他主持的那个乡，乡镇企业产值和利润年年翻番，人均收入也大大提高，人们对他更是赞不绝口。

由于他突出的“政绩”，三年以后，他被提拔为乡长、乡党委书记。又过了两年，他被提升为主管工业的副县长。

张某和李某两人的态度和方法导致两人的不同命运。虽然，我们会在内心钦佩张某这种高洁的人格，但又不能不看到：他的确一事无成，不但自己的一腔抱负无法施展，而且也无法给他的乡亲们带来一丁点儿好处，只能固守着他的清高孤傲而一无所成；李某为了不“折”而“弯”了一下，一方面坚持着自己的原则和初衷，另一方面走了一条圆通的道路，这使得他既实现了自己的价值又为乡亲们办了实事，所以在现实中，李某的这种为办大事宁弯不折的方法，只要严守法律的界限，不失为一种务实的、行得通的做法；而张某的那种心高气傲的书生气是办不成事的。

立世为人，心可高，但气不能傲。倘若总是盛气凌人，便容易惹火烧身。真正聪明的人，就算骨子里再傲，也能够做到外表谦和、敬人如师。只有这样，做人做事才能少一些羁绊，多一些顺畅。

不必一条道路走到黑

打井的时候，如果在一个地方打不出水，有两种截然不同的办法可供选择：一种是把原有的井掘得更深；另一种是经过勘探优选，换一个地方，再钻一眼新井。

这不是退缩和逃避，这是面对现实做出的明智的选择，这更不是告诉人们不再吃苦，要知道，你重新打出的井，如果想让它出水，也必定是一口深井。打这样的一口新井，不但不比原来轻松，甚至还要难上几倍，因为这需要更大的勇气和智慧——承认失败的勇气和重新选择的智慧。

智者教导人们万事有恒，而许多事物却是一开始就注定了要失败的，但仍有固执者不肯在中途放弃那些东西直至同归于尽。壮士断腕是因为他清楚断腕后的价值更高。

早年上海滩的“明星公司”在申城是一枝独秀，无人匹敌。该公司财力雄厚；旗下人才济济，明星如云，独揽影坛2/3的江山。“天一”出道之前，曾有数家小公司欲与“明星公司”分庭抗礼，结果均以夭折、惨败告终。

就在“明星公司”横扫影坛，不可一世之时，“天一公司”创立了，成为电影界一匹“黑马”。“天一”对影坛老大“明星”造成了严重威胁，将其业务抢走许多，“明星公司”旗下的明星、导演们均要跳槽，加盟“天一”。很快，“天一”便成为上海滩上电影业新巨头、新霸主！

“明星公司”岂能容忍“天一”染指它的电影霸业，更不能忍受“天一公司”取代它的霸主地位。于是“明星公司”当即出面，以它为主，联合“大中华百合”、“民新”、“友联”、“上海”及“华剧”等五家电影公司，成立了“六合影业公司”，组成强大的联合发行网，共同抵制、围剿“天一公司”。其中有一条最为严厉的规定：任何发行商和他们签订了合同，就绝对不准购买“天一”出品的影片。必须严格遵守，不得违反。

“六合”联手出击的计划果然奏效，“天一”腹背受敌，处境堪忧。生死存亡，危在旦夕，莫非“山重水复疑无路”？

“六合围剿”使“天一公司”在上海陷入了困境。然而，邵氏兄弟知难而进，使“天一公司”并没有因此而结束它的历史使命，面对业务上的竞争与生存需要，身为“天一公司”营业经理的邵仁枚，深谋远虑，看准了南洋一带华人众多，是一个很有前途的国产片市场，他决心将“天一”的事业向南洋发展。

第二次世界大战前的南洋，包括英国殖民统治下的马来西亚和新加坡，因为封闭保守，社会经济与人民生活非常落后，寻常百姓生活枯燥单调，缺少娱乐和消遣。而迁移到那里的华裔在南洋人口中又占了很大的比重，这正是“天一公司”决定开拓南洋市场的重要理由。

1926年3月，邵仁枚带着三部“天一公司”的影片，只身来到新加坡。当时的新加坡还没有中国电影，只有大戏院间或放点儿西方无声片。邵仁枚发现这里一家电影院也没有，便立即着手租借戏院，推销影片，然而，大戏院只放西片，小戏院又给“六合公司”绑住，对“天一”封锁。出师不利，邵仁枚没有气馁，他避开对手锋芒，先在新加坡的周边城镇进行放映突破，再杀回市中心，抢夺市场，这一招效果明显，“天一公司”的影片由于适合大众的欣赏口味，备受欢迎，立即打开销路。

“天一公司”的影片，由于邵仁枚具有生意头脑，善于经营，很快在新加坡打开局面，于是，邵仁枚急召远在上海的邵逸夫，前来新加坡共同大展宏图。1926年，年仅19岁的邵逸夫离开上海，南下新加坡，从此，邵氏兄弟二人通力合作，致力电影事业。为日后驰名的“邵氏电影王国”的建立打下了坚实基础。

在邵仁枚和邵逸夫的努力下，“天一公司”终于买下了新加坡的“华英戏院”、吉隆坡的“中华戏院”、怡保的“万景台戏院”和马六甲的“一景团戏院”，构成了“天一公司”在南洋最早的院线和发行网络。“天一公司”终于拓展了南洋的市场，摆脱了“六合”的围剿。

“天一公司”在南洋的事业越发顺利起来。好事接踵而至，“天一公司”取得了同南洋一带最大的“新世界游乐场”合作的机会。“新世界游乐场”在当地兴隆旺盛，财源不尽，独占星马娱乐业的魁首。主人黄文达和黄平福兄弟独具慧眼，认定邵仁枚和邵逸夫两人是不可多得的人才，毫不犹豫地同“天一公司”合作，将“新世界游乐场”大胆地交由邵氏兄弟管理。经历南征北战，沐浴商场风雨多年的邵仁枚和邵逸夫，当有自己的制胜法宝，经商奥秘。他们不负众望，把“新世界”经营得锦上添花，一年下来，获利甚丰。

邵氏兄弟挟“新世界”经营得胜的余威，愈战愈勇，捷报频传，又在马六甲、吉隆坡、怡保、太平、槟城、亚罗士打等地相继开出游艺场。在购地建戏院上，邵逸夫有他独到的考虑。他不但购地建戏院，而且还常购进毗连的地皮，待价而沽或供日后发展，邵逸夫认为，戏院总是人群聚集的地方，附近的土地亦将因此而涨价。

邵氏兄弟越干越起劲，干脆在新加坡成立了“邵氏兄弟公司”，继续发展“天一公司”在南洋的事业，“邵氏兄弟公司”成立之初，便果敢抉择，斥巨资收购“大世界游乐场”。

如此一来，“邵氏兄弟公司”在新加坡的三大游乐场中已占其二。随后，“邵氏兄弟公司”展开猛烈的收购大战。到1937年，兄弟俩经过十多年的努力，使“邵氏兄弟公司”在新加坡、马来西亚、爪哇、越南、婆罗洲等南亚各地已拥有电影院110多家，游乐场9家，游乐场设有舞台，剧场，每晚可娱乐观众数万人，几乎称霸了东南亚影业市场。

人是智慧的生命体，在人类的智慧中，有一种重要的智慧，就是权衡和割舍的智慧。

放弃，不是自认失败，而是在寻找成功的契机，今天的放弃是为了明天的得到。放弃，也许使你为期待的目标失去了好多，有些甚至是很珍贵的，可你却不应该后悔。你要知道：没有放弃，就不会有牢固的拥有和获得。

一扇门在我们面前关闭了，会有另外几扇门同时敞开。与其费时费力地去开启那扇业已关闭的门，不如轻松地去寻找那些敞开的门。

进退有度
方是大赢

人生就是一盘棋，对手就是命运。有的人任由命运时局摆布，如同木偶；而有的人则能进能退，他们是命运的主人。进退自如需有超强的勇气、坚定的信念。只有镇定自若，从长远考虑，得意淡然，失意坦然，才能进退自如，才能下好人生这盘棋。

棋局中有各种各样的角色，稍稍懂棋之人都知道，胜负的关键不是自己是什么身份或处于什么样的境地，重要的是在于能否进退有度。

人生就是一盘棋，自己就是棋子。眼观六路，耳听八方，知己知彼，才能进退自如；纵观大局，胸怀大局，才能不计较一步棋的得失；不懂进退只会一步走错，百步艰难，稍有不慎，定会落得满盘皆输。

吉姆是耶鲁大学信息系毕业的高才生，他毕业不久就被一家跨国大公司录取了。这家鼎鼎有名的大公司是许多人向往的理想的工作单位。

然而，进入公司工作不久吉姆就失去了先前的热情。因为身为信息系高才生的他在公司里竟被安排担任文秘的工作。这样吉姆根本不能施展自己的才华。吉姆非常愤怒，他毅然放弃了高达36万美元的年薪，跳槽到一家小公司里担任电脑主管的工作。

在小公司里，吉姆发挥了所有自己在大学里学习到的知识。不久他公司出品的软件在市场上受到人们的青睐，大家争相购买他的产品。自那以后公司的规模越来越大，吉姆因此也成了公司的总经理。

从吉姆的成长轨迹中不难看出，成功的人生关键在于进退有度，当进则进，当退则退。有时你是卒就要勇往直前绝不后退；而有时你是马就要驰骋四方腾挪闪跃。当退则退，当断不断反受其乱。

魏末，爆发了六镇起义。年轻的宇文泰随父参加了鲜于修礼领导的起义。不久，鲜于修礼为葛荣所杀，宇文泰又成为葛荣的部下。后情况又发生了变化，尔朱荣杀死了葛荣并取而代之。

尔朱荣早就注意到宇文兄弟与众不同，担心智勇双全的宇文兄弟会成为自己的隐患，不久就找了个莫须有的罪名杀害了宇文泰的三哥洛生，并设下圈套想进一步加害于宇文泰。面对十分凶险的情况，年轻却有城府的宇文泰不露声色，他将失兄的悲愤藏于心底，面对尔朱荣慨然以对，激昂陈词，不仅打消了尔朱荣担心他造反的疑虑和杀人的念头，而且使尔朱荣对自己敬重有加。

在军阀割据的动乱年代，你死我活的火拼事件层出不穷。一路军的将军被刺杀，使该部出现了群龙无首的局面。这次事件，为宇文泰的崛起提供了一个绝好的机会。

面对突如其来的良机，宇文泰自然大喜过望。不过，一向不露声色的宇文泰并没有马上行动，他还是很慎重地和谋士们权衡了利弊，决定果断地抓住时机接管该部。对这支部队一直怀着觊觎之心的北魏丞相高欢，在得到该将死讯后也很快派出了侯景前往接管。于是宇文泰与侯景在途中相遇了。宇文泰豪迈而自信地质问侯景："岳公（已死将领）虽然死了，但宇文泰尚在，你想怎么样？"侯景面对宇文泰咄咄逼人的锐气大惊："我只不过是一支箭，身不由己，由人发射而已。"说完就转身离开了。

同年，北魏孝武帝与丞相矛盾激化，宇文泰趁机率部迎接元修进入长安。进入长安之后，孝武帝以宇文泰有功，任命宇文泰为西魏最高统帅总揽朝中政治、军事大权。从此，宇文泰开始了辅佐天子、号令天下的权臣生涯。

时机不成熟的时候，后退是超越自我的动力。每一次后退，就是一次超越的机会。

无论做什么事情，如果希望结果如同计划一样，我们就需要做好充分的准备。只有准备充分，才有能力应对随时而来的挑战。准备充分的人更容易取得成功，不做准备就贸然行事，结果只能一败涂地。而有时候，后退是为了自己更好地前进，后退不是单纯意义上的退步，而是在退步的过程中为将来的前进做好更加充分的准备。以退为进是在时机不成熟，或者自己处于不利条件下先退一步的策略。当局势出现转变之后，我们可以更进一步。有时候自己可能并没有错，或者是对方误会了自己，这时候我们也应该先承认自己的错误，相信有机会和时间会证明一切。这比任何卖力的解释都管用。退一步就是把自己的拳头收了回来，然后再用力出击。

“进”当然可喜，但是你还没有成功；“退”又有什么难堪，因为你还有机会。

每一次后退都能磨炼你的技巧，提高你的勇气，考验你的耐心，培养你的能力。应该抛弃以一时“进退”论英雄的偏见，而着眼于在后退忍让中积聚自己的潜力。人正是在适时的后退中，不断超越自我。

退后是超越自我的实习，它借此烧掉人们心中的残渣，使之变得更为纯净，也让我们经得起严格的考验。后退是一种力量的聚积，也是一种内心境界的升华，所以后退不是失败，而是智举。

无论是做事还是做人，懂得退让之术能让你在复杂的环境中左右逢源、应付自如。

在生活中，我们可能都有过这样的经验：有时候做出一点退让反而可以让事情进展得更顺利。有时候越是针锋相对越不能达到自己的目的。退一步我们可以进十步，甚至百步。特别是面对弱者的时候，多一点退让对我们来说并不困难，而这样会使得对方更容易接受，自觉自愿地按我们的要求行事。而越是苛刻要求越难改变。即使迫于压力委屈于强者，但是心里并不接受。

戴尔夫人作为一位社交界的名人，最重要的活动就是请客人吃饭。她的总招待艾米成为她的得力助手。但是，有一次却让戴尔夫人很失望，因为这次午宴很失败，到处看不见艾米，她只派了另外一个侍者来招待他们。而这位侍者是个新人，她对第一流的服务并不了解。每次上菜，她都是最后才端给戴尔夫人的主客。最让夫人生气的是，有一次她竟然在很大的盘子里上了一道极少的芹菜，而且肉没有炖烂，马铃薯很油腻，一切都糟糕透了。

但是为了维持晚宴的气氛，夫人从头到尾都微笑着，可是她心中已经怒不可遏。

夫人试着从艾米的事情看这事：菜不是她买的，也不是她烧的，有一些手下太笨，谁也没有法子。这么一想，夫人开始觉得是不是自己要求太严厉，火气太大。于是她决定退一步用另一种办法处理这事。

第二天，夫人找到了艾米，微笑着说："艾米，你要知道，当我宴客的时候，你不在我边上才发现你是如此重要。你是纽约最好的招待。我知道，昨天的事不能怪你，菜不是你买的，也不是你烧的，我能谅解你的难处。"艾米没有想到夫人能这样原谅自己，心中充满了感激。

以后，夫人每次招待客人，艾米热情地与夫人计划菜单。当夫人和客人到达的时候，用玫瑰装饰的餐桌显得多姿多彩，艾米在一旁微笑着。食物精美可口，服务完美无缺，饭菜由四位侍者端上来，最后艾米亲自端上可口的点心作为结束。每一个接受邀请的客人都表示"这是自己最满意的一餐"。

有时候并不见得非得利用自己的强势力量，就像给弹簧的压力越大，它给我们的反弹力也就越大一样。我们不妨让自己退一步，这样的结果可能使自己进了十步，或者百步。因为，自己退了一步，就是给对方一个更好的机会，也是给自己更多前进的空间。

掌握面子的学问

4

树活一张皮，人活一张脸，脸皮就是面子。“面子”之所以能够风行于世，因它具有世俗的力量，又不受法律约束，因而能在复杂的社会环境中发挥重要的作用。单纯的人常常对此不屑一顾，这是其致命的缺点。把自己脸面看轻一些，把他人的脸面看重一些，这是做人做事能够顺风顺水的不二法门。

既要有面
也要懂得给面

中国人历来好面子，俨然成了一个不大不小的传统。与人交往不能不给面子，不能扯破脸，更不能颜面扫地。显而易见，面子是处世交往中不可回避的重中之重。

有个书生家里很穷，却很爱面子。一天晚上，小偷来到他家中，搜寻之后，没有发现值得一偷的东西，便跺脚叹道："晦气，我算碰到了真正的穷鬼！"书生听了，赶紧从床头摸出仅有的几文钱，塞给小偷，说："您来得不巧，请您就把这点钱带上。但在他人面前，希望您不要张扬，给我留点面子啊！"

这个书生是一个死要面子的人，这样的人在生活中很多。从古至今，我们做的很多事都是为了面子。只不过有时是为了自己的面子，有时则是为了别人的面子。甚至男人为了面子宁愿选择死亡的例子也有很多。古语中有句话：士可杀不可辱。在古代战争中，每位将士被俘虏后遭到敌人的戏弄时最喜欢说的正是士可杀不可辱。你要么就杀了我，要么就不要玩我。如果你玩我，那么我活着没面子，还不如死去。俘虏们为了面子而选择死亡，这种行为是高贵的，比什么都值钱。一代英雄项羽的乌江自刎就是个为了面子而死的典型例子。他打了败仗后跑到乌江，本来他是可以乘坐渔船逃回江东的，但他放弃了。因为他觉得没有面子回去面对他的乡亲父老了，结果他选择了自刎。他的死成全了他的面子，成全了一代英雄的气节。

现实生活中爱面子的人很多。例如朱先生就是这样一个人。

一日朱先生和侄儿去购物，见着需要的东西，大家都想买。侄儿刚参加工作，连吃饭尚还紧张，自然没钱可掏了，朱先生亦不想再做冤大头，就没有如昔般积极付账。售货员机警地说：“一看你就是有钱，有地位，讲义气的人，那点小钱你还在意？”一句话噎得朱先生半天喘不过气来，尽管要花朱先生500多元钱，但为显示自己有义气，也只好把手缓缓地伸向钱包。有时朋友相聚，朱先生一向不胜酒力，但朋友一句“这点面子也不给吗？”使他一杯下肚；几轮下来，稍有推辞就被说成是没有酒品，这多失面子呀，于是乎，他牙一咬，心一横，又是一个底朝天，那样子就如英雄含笑赴刑场般大现凛然之气，回家后却头重脚轻，痛苦不堪。

朋友有事相求，朱先生明知出于自己能力之外，但一句“咱俩什么交情，这点面子你能不给”，便杀头成仁，舍生取义。四处奔走，求爷爷、告奶奶，事一办成，人也轻松大半。在复杂的社会人际关系中，“面子”的含义不一而足。你敬我一尺，我还你一丈，人情就是面子。一个篱笆三个桩，一个好汉三个帮，关系就是面子。

据说翻盖手机在中国流行的原因就与中国人爱面子有关系。对翻盖式手机尤其是韩国三星、中国的TCL的凶猛攻势，直板式手机的集大成者诺基亚，直到2004年下半年才推出了翻盖手机。西方的手机厂商不明白，为什么翻盖手机在中国流行，而在西方的接受程度却非常低。后来，一位手机经销商揭开了这个秘密——翻盖式手机在开合时会发出一声脆响，容易引起旁人的关注，所以更有面子。

爱面子的人很奇妙，可以吃闷亏，可以吃暗亏，但就是不能吃“没有面子”的亏，所以在人性丛林里求生存，必须了解到这一点，这也就是很多善于运用糊涂智慧的人不轻易在公开场合说一句批评别人的话的原因，宁可高帽子一顶顶地送，既保住别人的面子，别人也会如法炮制，给你面子，彼此心照不宣，尽欢而散。

放下面子 抓住机会

中国人自古爱面子，凡事皆以面子论大小，“人分五等，佛有三界”、“不看僧面看佛面”、“打狗还得看主人”都说明了面子的重要。

明朝初年，朱元璋决定重修南京城，可又觉得经过战乱后国力衰弱、财力不足。这时，南京城里的大富豪沈万山就提出愿意捐赠重修南京城的一半资金，还愿代朱元璋“犒劳王师”。他满以为如此会得到朱元璋的赏赐，谁知，朱元璋不仅不领情，还罗列罪名将沈万山抓起来要杀头。幸亏皇后仁厚，从中说情，沈万山才免见阎王，“从轻发落”，财产充公，本人发配云南服役去了。

沈万山去云南的路上一直想不通，自己本想拍新皇帝的马屁，为何一拍竟拍到了蹄子上，被狠狠地踢了一下，差点送了性命。

其实，沈万山作为商人自然是很出色的，但作为看面子专家就不够格了。

在朱元璋看来，“朕即国家”，面子自然无与伦比了，哪里还需要沈万山“捐赠”呢？如果接受了，那“天子”的面子往哪里放？何况，天下之财还不都是囊中之物，取来即可，还用得着“捐赠”吗？因此，沈万山的不幸是必然的。

现代的人们更是把面子的妙用发挥到了极致。名利场上多少人为了一张毫无意义的面子剑拔弩张。你请客一桌上千元，我就要一桌三千元，把你的面子压下去；你盖十层楼，我就盖十二层楼，总得比你高一头，否则心里不舒服。在这些人看来，面子就是一个的立身之本，没了面子似乎这条命都没了。

不过，从历史上看，面子薄儿而成功者极其罕见，大凡那些获得超人成功者，皆为厚脸皮者。最有名的莫过于越王勾践，为了复仇竟然在众目睽睽之下，当着夫差亲口尝大便的味道。然而，他最终以自己的厚脸皮换来了“三千越甲可吞吴”的辉煌。

刘备出道以来整天惶惶不可终日，四处托庇于人，见人先哭后说话，依靠自己的厚脸皮忍辱负重才终于有了三分天下之势。韩信更不用说，乞食于漂母，受辱于胯下，才有了垓下一战功成。

然而，不得不指出的是，现实社会中有些人走到了另一个极端：君不见酒绿灯红中一些妙龄少女，为了金钱把自己的肉体卖给了素不相识的款爷，在她们的头脑中已经没有了做人最起码的尊严。她们信奉着自古传下来的“笑贫不笑娼”的说法，把自己的面子看得不如一张薄纸。而面对着人们异类的眼神，她们晃晃手里大把的钞票，嗲出一句：“中国人就是死要面子活受罪。”

这些人自诩“看透红尘”，为了几张钞票，把自己的面子彻头彻尾抛弃了。然而待到人老珠黄，这青春饭还能吃得几时？由此可见，这终究不是长久之计。

在当今职场上，有很多人坚持“好马不吃回头草”，认为那可是关系一个人面子和尊严的大事，并且振振有词：“人若没有了尊严，工作还有什么意思？”所以，那些明知自己现在公司不如以前的好，自己的能力得不到发挥，也要为面子死守阵地，甘愿忍受碌碌无为的痛苦，要么就毫无目的地一直“跳”下去。即使公司向他们表示希望回来，他们也是不肯放下自己的“尊严”。

其实，这又何苦呢？难道面子和所谓的“尊严”就那么重要吗？以至于为了它可以放弃自己的前途？

事实证明，好马也吃回头草，走得光明磊落，回得坦坦荡荡。这样的员工往往是各方面素质都较高的人才，公司是欢迎他们回来的。而一些抱着“好马不吃回头草”思想的员工，担心回来会大伤面子，说到底是自己的心理在作怪。

在很多时候，吃回头草的马往往能对原来的公司和工作有新的发现和认识，并能提出改进建议，从而获得更好的发展。

在史密斯担任福特汽车公司经理时，有一天晚上，公司里因有十分紧急的事，要发通告信给所有的营业处，所以需要全体员工协助。

当史密斯安排一个做书记员的下属去帮忙套信封时，那个年轻职员当即拒绝了，史密斯一下就愤怒了，但他仍平静地说：“既然做这件事是对你的侮辱，那就请你另谋高就吧！”

于是那个青年一怒之下就离开了福特公司。但他跑了很多地方，换了好几份工作都觉得很不满意。他终于明白了自己原来的过错。他想回到福特公司，可又怕丢面子，但想到以后自己的发展，他还是找到了史密斯，诚挚地说：“我在外面经历了许多事情，经历得越多，越觉得我那天的行为错了，我更发现了这个公司的好处，因此，我想回到这里工作，您还肯任用我吗？”

“当然可以，”史密斯微笑着说，“尽管放心地好好干吧。”

进入福特公司后，那个青年变成了一个很努力的人，并且能耐心倾听别人的意见，虚心向别人请教问题，最后他得到提拔，成了一个很有名的大富翁。

总而言之：面子代表着做人的尊严，固然重要，而面包能让人填饱肚皮，没有它人会挨饿，甚至饿死。死了的人有尊严吗？有人说有，有人说有也没有了。要面子？还是要面包？全看你怎么选择。

面子放一放又何妨

能放下身段的人是聪明人，他们不在乎自己一时的面子，能够通过忍耐和等待获得机会，这也是他们能够成就一番事业的重要素质之一。“放下身段，夹着尾巴找机会”的聪明招法不仅被现代人使用，古代的很多名人都曾使用过。例如三国时的刘备就是使用这一招法保住了性命，最终成就了三分天下占其一的霸业的。

刘备投奔曹操后，两位乱世英雄，都各自打着算盘。刘备在住所后院辟了一块菜地，每日亲自浇灌，放下身段，夹着尾巴，让人觉得：我不过是凡夫俗子，没有野心，你曹操还是不要算计我了吧！关羽、张飞两位诚实直爽之人，哪里懂得刘备的思想。所以当两人劝说主公应当留心天下大事而不应该学种菜这种下贱的活时，刘备总是说：“这不是两位兄弟所知道的。”

一天，关羽和张飞都不在，曹操就派人来请刘备过去。刘备大吃一惊，但又没有办法，只得随来人入府拜见曹操。曹操绵里藏针地说：“您学种菜可真不容易呀！”刘备说：“没有事消遣消遣罢了！”曹操就邀刘备来到小亭里，见里面诸物齐备，盘置青梅，一樽煮酒，于是两人对坐，开怀畅饮。

酒喝到半醉时，忽然阴云密布，骤雨将至。随从说天边挂着长龙，并指给两人看，曹操借题发挥，便问：“您知道龙的变化吗？”刘备说：“知道的不太详细。”曹操说：“龙能大能小，能升能隐，大则兴云吐雾，小则隐身藏形；升则飞腾于宇宙之间，隐则潜伏于波涛之内。现在正是深春时节，龙能够顺应时节而变化，就好像人得志了纵横四海一样。龙作为动物，可用世上的英雄来作比方。您长期以来，游历四方，一定知道当世英雄。请您试着说说吧！”刘备说：“我是肉眼凡胎，哪里能认得英雄呢？”曹操说：“您就不要太谦虚了吧！”刘备仍然装糊涂：“我得您的庇护，做了朝廷官员。天下英雄，真的不知道啊。”曹操说：“那么，既然您不知道他的长相，也应该听到他的名字吧。”再装糊涂是没有办法了，这条路堵死了，于是刘备举出淮南袁术、河北袁绍及刘表、孙策、刘璋、张绣、张鲁、韩遂等人，都一一被曹操否定。刘备只好说：“除这些人之外，我实在不知。”

曹操说：“所谓英雄，是指胸怀大志，腹有良谋，有包藏宇宙之机，吞吐天地之志的人啊！”刘备说：“那么，谁能称作这样的英雄呢？”

曹操用手指了指刘备，又指了指自己，说：“今天下英雄，只有您与我罢了！”

曹操看似不经意的话，其实不仅是一种试探，更包藏着杀机。且不说刘备正在曹操的府上，即使在外边，如果证实了曹操的推测，他也不会放过刘备的。这真是箭在弦上，一触即发啊！

刘备听后大吃一惊，到底还是被曹操识破真面目了。那么，自己“放下身段”的招法是不是没有瞒过奸雄曹操呢？如果这时默认或辩解，都无济于事，刘备于慌乱之中，手中的汤匙和筷子掉到地上。恰在此时，大雨将至，雷声隆隆，刘备随即从从容容，不动声色地俯下身子，捡起了汤匙和筷子，又不紧不慢地说：“雷声一震竟有如此大的威力，我的匙筷都掉了。”

曹操笑着说：“男子汉大丈夫也害怕雷吗？”刘备说：“圣人见到迅雷风烈还变色哪，我怎么能不害怕呢？”一句话就把因听到曹操的话而吃惊落匙的原因轻轻掩饰过去。曹操果然相信了刘备的话，认为他听到打雷声还要害怕，可见不是真英雄，也就不再怀疑刘备了。

刘备放下身段，夹着尾巴的言行免除了曹操的猜忌，保住了身家性命，不久，便逃走了，最后建立了一番大功业。同样，我们无论是做大事还是做小事，如果情况对自己不利，都应该学会放下自己的身段，把面子问题先放一放，积蓄成功的力量，并努力寻找一切有利于自己成功的机会。

硬撑面子
有时是种无知

责怪别人，逼迫别人认错，或者损害别人的脸面，这些都是在做人处世中要不得的。而另一方面，对于自己的错误勇于承认，也是做人所必不可少的。所谓“宽以待人，严以律己”，自己犯了错误，应勇于承认，而且越快越好。因为这是一种保住脸面的策略。一味硬撑着，只会死要面子活受罪，到头来后悔不迭。

有一位退休的机械工程师，他对事情是否做到精确无误的程度的关心，甚于关心自己的事业是否成功。他认为一个被他人揪出错误的人就活像个笨蛋一样，无论错误是因为不准确的测量也好，观测的角度不对也好，是错误的结论，还是无效的评估，这些对他来讲都一样。他最喜欢说的一句话是：“你不可以在别人面前丢脸。”事实上，只要是人皆会出错，这位工程师也不例外，为了保全面子，即使他心里知道自己做错了事，也会在大庭广众之下装出一副自己没有错的样子。更为可笑的是，他对不知道的事情也会装出一副很懂的样子，在他身边工作的人当然很受不了他这一点，为此，这位工程师失去了很多人的喜爱和尊敬。

当然，无论做什么事，我们都希望自己是对的。当我们得出正确的结论时，我们会感到特别高兴。当老师对学生说你答对了的时候，学生会觉得骄傲和快乐。相反地，如果老师说“你答错了！你没有通过考试”，那么学生就会因此害怕自己又答错，反而会答错得更多。但大多数人都应该知道，在人们所做的事情中，很少有人能说哪些事情是百分之百正确或百分之百错误的。然而，不管是在学校也好，公司也好，还是从事政治活动或是在运动场上，我们所有的社会系统都只能容忍我们做出正确的事情。结果很多人都在充满防御的心理下长大，而且学会掩饰自己的错误。还有一种人，他们在被揪出错误之后，因为害怕再犯错，干脆就什么事情也不做。他们会变得既紧张又有抵触的心理。

当然，如果采取相反的态度，即对任何事情，都认定我对你错，这也是不明智的。一句俗话讲得好：“或许你会因此而赢得某场战役，可是你最后可能会输掉整场战争。”有些人不仅坚持认定自己无时无刻都对，而且他们在辩赢了之后，还会对别人幸灾乐祸，自我吹嘘一番；这种人是典型的令人无法忍受的，而且像前面所说的那位工程师一样，他的为人和装出什么都懂的样子，只会让别人讨厌而已。

对这些人我们要奉劝：与其装出一副自己什么都对、洋洋得意的样子，倒不如做错事情的时候勇敢承认比较明智一些，如果一个令人难以忍受的人在你做错事情的时候贬抑你，你内心应清醒地明白这个人的心理大概是有些问题。同样的道理，对于那些斩钉截铁地说自己对，并常常要证明自己是对的人，人们也会抱着敬而远之的态度的。

我们常常见到一些人的婚姻处于摇摇欲坠的状况。推究原因，总不外乎是先生和太太各持己见，坚持自己是对的缘故。

如果他们能证明对方不对的话，往往会得理不饶人。这种行为根本不可能增进夫妻间彼此的爱和关怀，相反却会使彼此之间充满了竞争和抵触的气氛，导致最终离异。

要解决这些危机，关键之处在于：我们必须了解每个人都会出错的道理。当你做错事情的时候，不要为了装出一副对的样子而掩饰自己的过错。事实上，意识到自己所犯的过错，常常会对自己有所助益。这种举动不仅能使你从错误中学到教训，而且别人也会觉得你很会做人，从而会更信赖你。

“我很抱歉！”“我疏忽了！”“我错了！”诚实地招认自己的过错，不仅不会使你看来像个笨蛋一样，反而还会得到别人的信赖和尊重，否认或掩饰自己犯下的过错，会妨碍自己人格的成长。

不懂还要装懂是不明智的。每个人都会犯错，重要的是要从错误中学到教训。

犯错能使自己获得成长的机会，它不是愚笨或无能的象征，装出一副自己都对、什么都懂的样子，通常会让自己失去友谊和与他人的亲密关系。掩饰错误、装出一副什么都懂的样子，不仅会显露出自己的无知，而且还可能使自己失去了学习的机会。

巧用自责，既能自保又能给足他人面子

据说，美国心理学家卡耐基经常带着一只叫雷斯的小猎狗到公园散步。他们在公园里很少碰到人，再加上这条狗性情温和且不伤人，所以，他常常不给雷斯系狗链或戴口罩。

有一天，他们在公园遇见一位骑马的警察。警察严厉地问道："先生，你为什么让你的狗跑来跑去而不给它系上链子或戴上口罩？你难道不知道这是犯法的吗？"

"是的，我知道。"卡耐基低声地说，"不过，我认为它不至于在这儿咬人。"

"你不认为，你不认为！法律是不管你怎么认为的。它可能在这里咬死松鼠，或咬伤小孩。这次我不追究，假如下次再被我碰上，你就必须跟法官解释了。"

可是，他的雷斯不喜欢戴口罩，他也不喜欢让它那样。一天下午，他和雷斯正在一座小山坡上赛跑，突然，他看见上次遇见的那位警察正骑在一匹红棕色的马背上。

卡耐基想，这下完了！他决定不等警察开口就先发制人。他说："先生，这下你当场逮到我了。我有罪。你上星期警告过我，若是再带小狗出来而不替它戴口罩，你就要罚我。"

"好说，好说，"警察回答的声调很柔和，"我知道在没人的时候，谁都忍不住要带这样的小狗出来溜达。"

"的确忍不住，"卡耐基说道，"但这是违法的。"

"哦，你大概把事情看得太严重了。"警察说，"我们这样吧，你只要让它跑过小山，跑到我看不到的地方，这件事情就算了。"

当你认为自己可能会被人指责时，不妨先数落自己一番，当对方发觉你已承认错误时，便不好意思再指责你了。

如当你有求于对方时，一开始你就说：“我这可能是无理的要求”，“我说这些话可能有点嘟囔”，或“我说的话可能是过分点”……此时，即使你说的话确实令对方感到厌烦，但对方也不会因此而当面指责你。如果巧妙使用，反而会加强效果，会使对方轻易听完你的要求后而毫不犹豫地接受你的要求。

其实，做任何事情时都应该是这样的。又如：制作广告图时，最要紧的是简明正确，但有时不免发生些小错。有一家广告社的主任，专门喜欢在小处挑毛病，员工时常是不愉快地从他的办公室走出来，不是因为他的批评，而是他攻击的地方不当。一次，有一位员工赵某于百忙中替他赶完一幅画，没多久这位主任就打电话找赵某，到那儿后不出所料，主任显得非常愤怒，已经准备好了要批评赵某一顿。赵某却用了责备自己的方法，说：“主任，你所说的话不假，一定是我错了，而且是不可原谅的。我替你画画多年，应该知道如何才对，我觉得很惭愧。”

听到赵某这样说话，那位主任却反而替赵某分辩说道：“是的，你说得对，不过这并非大错，仅仅是……”赵某马上插嘴说：“不论错的大小，都有很大的关系，会给别人看了不高兴。”

主任打算插嘴说话，但赵某却不容他插话。赵某继续说道：“我实在应该小心，你给我的工作很多，你理应得到满意的东西，所以我想把这幅画重新画一张。”

“不！不！”主任坚决地说，“我不打算太麻烦你。”

他夸奖了赵某所作的画，说只需稍加修改就可以了，而且这一点小错，也不会使公司蒙受损失，仅是一点小节，不必太过虑了。

赵某急于批评自己，使得主任的怒气全消。最后他邀请赵某一起吃小点心，在告别之前，他开给赵某一张支票，并又委托赵某画另一幅新的广告。

赵某承认自己错了，以显示主任的正确，肯定了他的权威，主任在这种情况下也不好意思再指责他了。

巧妙地运用自责，不仅可以抬高他人，给足他人面子，更是保护自己的有效手段。在为人处世的过程中遇到上述类似情况不妨试试，相信会起到很好的效果。

保全他人的面子也是给自己保全下一次的机会

在我们身边，好面子的人大有人在，有少数人甚至把面子看得比生命还要重要，一旦你一时冲动或疏忽，伤了人家的面子，可能就会给自己留下无穷后患。因此，为了防患于未然，年轻人处世一定要牢记这一点：任何时候都要有意识地注意保全别人的面子。

经过几个世纪的敌对之后，1922年，土耳其决心把希腊人逐出自己的领土。穆斯塔法·凯墨尔对他的士兵发表了一篇拿破仑式的演说，他说："不停地进攻，你们的目的地是地中海。"于是，近代史上最惨烈的一场战争展开了，土耳其最终获胜。

当希腊的迪利科皮斯和迪欧尼斯两位将军前往凯墨尔的总部投降时，土耳其士兵对他们大声辱骂。但凯墨尔却丝毫没有显示出胜利的骄气。他握住他们的手说："请坐，两位先生，你们一定走累了。两位先生，战争中有许多偶然情况，有时最优秀的军人也会打败仗。"

凯墨尔即使在全面胜利的兴奋中，为了长远利益，仍然牢记着这条重要的信条——让别人保住面子。

可很多刚出道的年轻人往往忽略了这一点。很多人常常无情地剥掉别人的面子，伤害别人的自尊心，抹杀别人的感情，完事后却又自以为是。他们在他人面前呵斥别人，找差错，挑毛病，甚至进行粗暴的威胁，却很少设身处地地为他们着想。考虑别人的自尊心，也就是顾全别人所谓的面子，在任何情况下，都要让对方下得了台阶。

一个著名的心理学教授曾说过一段富有启示性的话："人，有时会很自然地改变自己的想法，但是如果有人说他错了，他就会恼火，更加固执己见。人，有时他会毫无根据地形成自己的想法，那反而会使他全心全意地去维护自己的想法。不是那想法本身多么珍贵，而是他的自尊心受到了威胁……”

人人都有自尊心，不但大人物有，小人物也一样，甚至更强烈。当一个人一无所有时，自尊心便是需要固守的最后领地。没有人愿意别人漠视自己作为一个人的存在。有时，人们为了维护自尊，甚至会坚持错误，不可理喻。

有一次，张女士花不低的价钱买了一件衬衫，回家试穿了一下，感觉很不舒服，大概是布料的原因。没过几天，一位朋友来看她，看了她的衣服，大呼：“你上当了，这种料子穿到身上发板、发硬，特别不舒服，而且还容易褪色，送给我都不愿穿，你还花那么高的价钱买它。”

张女士吃亏了吗？是的。可是，朋友的话虽然在理，张女士听起来却特别刺耳，似乎在贬低张女士的智力。张女士莫名其妙地开始为自己的面子辩护了：“虽然有点硬，不过穿到身上挺有形的，我还是比较满意……”

第二天，另一位朋友也来拜访张女士。她称赞张女士身上的衬衫很漂亮，还问张女士在哪里买的，说也要买一件。这时，张女士反应就完全不一样了：“说实话，这衣服挺贵的，而且穿在身上不舒服，有点板，有点硬，而且还褪色，我正后悔不该买它呢！”这时，张女士甚至为自己的坦白直率而自豪起来。

可见，如果对方处理的巧妙而且和善可亲，我们也会承认自己的错误。但是，如果把难以下咽的事实硬塞进我们的食道里，结果就适得其反了。

保全别人的面子，是年轻人做人立世的必修课。面对别人的过失或窘境，一个蔑视的眼神、一种不满的腔调、一个不耐烦的手势，都可能带来难堪的后果。如果我们当面驳斥一个人，他会同意我们的观点吗？绝对不会！因为我们否定了他的智慧和判断力，打击了他的自尊心，同时还伤害了他的感情。他非但不会同意我们的观点，还要进行反击。如果我们认识不到这一点，常常以一种“坚持真理”的姿态去伤害别人的自尊心，就会使我们的生活处处碰壁，人生的旅途就很容易拐进死胡同。在人际交往中，平等对待别人、尊重别人，才是“真理”。除此之外，只有冲突和调和，没有真理。

本杰明·富兰克林在自传中写道：“我立下一条规矩，决不正面反对别人的意见，也不让自己武断。我甚至不准自己在文字上或语言上持过分肯定的意见。我决不用‘当然’、‘无疑’这类词，而是用‘我想’、‘我假设’、‘我想象’。当有人向我陈述一件我所不以为然的事情时，我决不立刻驳斥他，或立即指出他的错误；我会在回答的时候，表示在某些情况下他的意见没有错，但目前看来好像稍有不同。我很快就看见了收获。凡是我参与的谈话，气氛变得融洽多了。我以谦虚的态度表达自己的意见，不但容易被人接受，冲突也减少了。我最初这么做时，确实感到困难，但久而久之就养成了习惯。使我提出的新法案能够得到同胞的重视。尽管我不善于辞令，更谈不上雄辩，遣词用字也很迟钝，有时还会说错话，但一般来说，我的意见还是得到了广泛的支持。”

年轻人请记住这一点，如果你能记着给人留面子，那你脚下的路一定会更好走，你的人缘也会越来越好。

人际交往，要懂得互利互惠

人们总是尽其全力来保持脸面，为了面子问题，可以做出常理之外的事。在知道人们是如何的注重面子之后，还必须尽量避免在公众的场合内使你的对手难堪，必须时时刻刻提醒自己不要做出任何有损他人颜面的事。

朱先生每年都会受邀参加某单位的杂志评审工作，这个工作在当地非常具有荣誉感，很多人想参加却找不到门路，多数人只参加一两次，就再也没有机会了！朱先生年年有此“殊荣”，让大家都羡慕不已。

朱先生在年届退休时，有人问他其中的奥秘，朱先生微笑着告诉了奥妙所在。他说：自己的专业眼光并不是关键，本身的职位也不重要，他之所以能年年被邀请，是因为他很会给别人“面子”。

朱先生在公开的评审会议上一定把握一个原则——多称赞，少批评。但会议结束之后，他会找来杂志的编辑人员，私下再告诉杂志编辑的真正缺点。

因此，虽然杂志有先后名次，但每位也都保住了面子。也正是因为他顾虑到别人的面子，承办该项业务的人员和各杂志的编辑人员，都很尊敬与喜欢朱先生，当然也就每年找他当评审了。

在生活中，“面子”是一件很重要的事。不少人为了“面子”，小则翻脸，大则会闹出人命；如果你是个对“面子”冷漠的人，那么你必定是个不受欢迎的人；如果你是个只顾自己，却不顾别人面子的人，那么你必定是个有天会吃暗亏的人。你要永远记住一个物理的反应：一种行为必然引起相对的反应行为。只要你有心，只要你处处留意给人面子，你将会获得天大的面子。

而且，给人面子并不难，只要多加称赞少作批评就行了，这不但是给人面子的相互尊重，同时也是一种非常有效的沟通方式，因为给别人面子，你才能够有面子。年轻人常犯的毛病，自以为有见解，自以为有口才，逮到机会就大发宏论，把别人批评得脸一阵红一阵白，他自己则大呼痛快。其实这种举动正是在为自己的祸端铺路，总有一天会吃到苦头。

“好风凭借力，送我上青天”。人际交往，互利互惠。帮助别人，就是在为自己的人情信用卡储蓄，特别是在人患难之际施于援手，救落难英雄于困顿。真心助人，其回报不言而喻。

保护自己和别人的荣誉

每个人都期望得到赞美和肯定。对于被赞美者来说，他得到的不仅仅是一句夸赞，而是从内心感到得到了尊重，脸上光彩，心中也愉快。

成功学大师卡耐基曾讲述过自己亲历的一个故事：

有一天，我在纽约的一个邮局里排队等候发一封挂号信。那位柜台后面的办事员显然对工作感到不耐烦，称重、撕邮票、找零钱、写收据，日复一日重复着机械的工作。我对自己说："我可以让那位办事员喜欢我。而要讨他喜欢，我显然必须说些关于他的好话。"称赞眼前的这位职员似乎并不让我感到困难，我马上找出可以称赞的话题了。

在他给我的信称重量时，我真诚地对他说："我真希望能有你这样的好头发。"

他抬起头，吃惊地但马上脸上溢出微笑："哦，它早已不像以前那么好啦！"他谦虚地回答：我告诉他，虽然它可能已没有原来的好，但仍然非常漂亮。他十分高兴，和我谈了一会儿，最后说道："许多人都说我的头发好看。"

我敢保证这位先生出去吃午饭的时候，一定满面春风，晚上回家的时候，一定会将此事告诉他的妻子，他会照着镜子对自己说："这头发多么好看！"

有一次我在演讲的时候提起这件事，有人问我："你想从那人身上得到什么？"

我想从那人身上得到什么？

假使我们真是这么自私，这么功利，从来都是吝啬于给别人带去一点快乐，一旦没有从他人身上得到好处，就不再对他人表示一点赞赏或表达一点真诚的感谢。如此我们的灵魂比野生的酸苹果大不了多少，我们的心灵会变得何等贫乏！

是的，我确实想从那个营业员身上得到一点东西。但那东西是无价的，而且我已经在真诚赞美的同时得到了。我得到了助人的快乐，这种感觉在多年之后，会永远闪烁在我记忆的天空。

与人相处有个极为重要的法则，这一法则就是：时时让别人感到重要。我们遵从这一法则，就不会惹来什么麻烦，还可以得到许多快乐和永恒的友谊。如果我们无视这项法则，就难免在人际交往中出现障碍。著名哲学家约翰·杜威说过："人性中最深远的驱动力就是——希望自己具有重要性。"还有哈佛著名心理学家威廉·詹姆斯说："人类本质中最殷切的需求是：渴望得到他人的重视。"就是这种渴望使得人类和其他动物区别开来。也正是这种渴望，产生了丰富的人类文化。

有史以来，世界上许多哲学家曾就这个问题作过深刻的思考。而他们得出的结论只有一个：你要别人怎样待你，你就先怎样待别人。这一法则并不新颖，可以说和历史一样陈旧了。二千五百年前，所罗亚斯特在波斯用这个原则教导门徒；两千多年前，孔子也这么谆谆劝导他的门生；道教的始祖老子在函谷关也这么说过；公元前五百年，佛陀已在神圣的恒河边用这一道理教诲众生；甚至印度教的经典也这么记载着。这甚至可以说世上最重要的法则。

依据这一法则，我们有必要不断调整和完善我们的处世准则和方法。学会换一种面孔做人，给人尊重，给人赞美。死要面子是一种顽固不化、自私浅薄的表现，而照顾别人的面子自尊和内心感受则显示出一种君子风度。我们期望人与人之间表层的"面子关系"上升为一种人格和精神上的尊重，大家都懂得保护自己和别人的荣誉。每一个人都脸面富有光彩，内心充满快乐。

将恭维之语说对点

恭维话人人爱听，你对人说恭维话，如果恰如其分，适合其人，他一定感到自己的脸面十足，对你便有好感。最奇怪不过的，越是傲慢的人，越爱听恭维话，越喜欢受你的恭维。有的人词严义正，说自己不受恭维，愿听批评，这是他的门面话，你如果信以为真，毫不客气地率直批评他的缺点，他心里一定老大不高兴。即使表面上未必有所表示，内心对于你的感情，只有降低，决不会增进。

讲个老笑话，某人是拍马专家，连阎王都知道他的大名，死后见阎王，阎王拍案大怒："你为什么专门拍马？我是最恨这种人！"马屁鬼叩头回道："因为世人都爱拍马，不得不如此。大王是公正廉明，明察秋毫，谁敢说半句恭维话？"阎王听罢，连说："是啊是啊！谅你也不敢！"

实则阎王也是爱听恭维话，不过说恭维话的方式，与普通人不同罢了。这个故事，是说明了世人之情，都爱恭维，你的恭维话如果有相当分寸，不流于谄媚，将是得人欢心的一种妙法呢。

《论语》上说："人告之以过则喜。"实际上，这恐怕只有孔子这样的大圣人才有如此雅量，一般情况下，普通人都不可能做到这一点。大家常说"良药苦口利于病，忠言逆耳利于行"，但真正能听得进逆耳忠言的人却并不多。所以办事说话时应当灵活，不妨适当说些恭维话。

推销员小李一次到某镇去推销电器。走到一家阔气的人家，户主是个上了年纪的老妇，一见是推销电器，就把大门紧闭了。小李一看事情不妙，便说："很抱歉，打扰了您，也知道您对电器不感兴趣。所以，我这次来不是做生意的而是来买鸡蛋的。”老人消除了些疑虑，便把门打开一点，探出头来将信将疑地望着小李。小李又继续说道：“我看见您喂的种鸡很漂亮，想买一些新鲜的鸡蛋回城。”

听到他这么说，老人家把门开得更大一些，并问道：“你为什么跑到这儿来买鸡蛋？”小李充满诚意地说，“因为我养的鸡下的蛋做蛋糕不合适，我的太太就要我来买些棕色皮的蛋。”

这时候，老妇人走出门口，态度很温和地跟小李聊起了鸡蛋的事。但小李这时便指着院子里的牛棚说：“老太太，我敢打赌，你丈夫养的牛赶不上您养鸡赚钱多。”

老妇人的心被说乐了。是的，多少年来，她丈夫总不承认这个事实。于是她将小李视为知己，带他到鸡舍参观。小李和她边看边聊，说的话句句入耳。他说，如果能用电器照射，产的蛋会更多，老妇人好像忘记了刚才的事，反而问小李用电器是否合算。当然，她得到了完满的解答。两个星期后，小李在公司收到了老太太交来的购买单。

试想，假如小李一开口就推销电器，老妇人肯定不会接受。而推销员小李采取了曲线表达，用恭维话打开了老妇人的心扉，然后以拉家常的方式，很自然地扯到了电器的问题，说明用电器照射产的蛋会更多。这就博得了老妇人的信任，自动递上购买单，办成了事。

或许，大家都以为恭维人乃是小人所为，大丈夫光明磊落，行正身直。事实上，我们都应该清楚一个道理，那就是枪炮或毒药可以杀死无辜的百姓，是因为它们被坏人利用了，而不是它们本身有什么不好。正如鸦片会使人丧命，是因为贩毒者利用了它，而在医学上，鸦片则又可成为很好的麻醉剂和镇静剂，可以用它来解除病人的痛苦。明白了这个道理，我们就应该承认，恭维作为一种说话的方式，我们有权使用，而且如果我们用得恰当，会取得意想不到的效果。

办事时不妨在嘴巴上有技巧地略施小惠，尽快地养成随时都能恭维别人的习惯。当恭维别人已经变成你的习惯时，你办事的能力就会相应提高。不需要花费太大的力气，又能解决你的难题，何乐而不为！

忠言其实不用那么逆耳去说

春秋时期，齐景公放荡无度，喜欢玩鸟打猎，并派专人烛邹来看管鸟。一天，鸟全都飞跑了，齐景公大怒，要下令斩杀烛邹。这时，大臣晏子闻讯赶到，他看到齐景公正处在气头上，怒不可遏，便请求齐景公允许他在众人之前尽数烛邹的罪状，好让他死个明白，以服众人之心。齐景公答应了。于是，晏子便对着烛邹怒目而视，大声地斥道：

"烛邹，你为君王管鸟，却把鸟丢了，这是你第一大罪状；你使君王为了几只鸟而杀人，这是你第二大罪状；你使诸侯听了这件事，责备大王重鸟轻人，这是第三条罪状。以此三罪，你是死有余辜。"

说罢，晏子请求景公把烛邹杀掉。此时，景公早已听明白了其中的意思，转怒为愧，挥手说："不杀！不杀！我已明白你的指教了！"

很明显，晏子是反对景公重鸟轻人的，但他看到景公正处于气头上，直谏反而不妙，于是就采取了以退为进、以迂为直的方法来间接地表达自己的意见，使齐景公得以领悟其中的利害关系和是非曲直，达到了既救烛邹之命，又得以说服景公的目的。而且，晏子也避免了直接触犯景公，给自己引来不必要的麻烦。

反对意见也可以说得很动听，从而让人心悦诚服。

迂回地表达反对性意见，可避免直接的冲撞，减少摩擦，使他人更愿意考虑你的意见，而不被情绪所左右。

生活中每个人都有着自己的一系列的观点和看法，它支撑着我们的自信，是我们思考的结果。无论是谁，遭到别人直言不讳的反对，特别是当受到激烈言辞的攻击时，都会产生敌意，导致不快、反感、厌恶乃至愤怒和仇恨。严重的话，甚至会有这种反应：气蹿两肋，肝火上升，血管膨胀，心跳加快，全身处于一种高度紧张状态，时刻准备做出反击。其实，这种生理反应正是心理反应的外化，是人类最本能的自我保护机制的反映。

过于直接的批评方式，会使他人自尊心受损，大跌脸面。因为这种方式使得问题与问题、人与人面对面地站到了一起，除了正视彼此以外，已没有任何的回旋余地，而且，这种方式是最容易形成心理上的不安全感和对立情绪的。你的反对性意见犹如兵临城下，直指的观点或方案的“痛处”，怎么会使领导不感到难堪呢？特别是在众人面前，领导面对这种已形成挑战之势的意见，别无选择，他只有痛击你，把你打败，才能维护自己的尊严与权威，而问题的合理性与否，早就被抛至九霄云外了，谁还有暇去追究、探索其中的道理呢？

事实上，我们会发现，通过间接的途径表达自己的意见反而更容易被人接受，这大概就是古人以迂为直的奥妙所在吧！

原因其实是很简单的，间接的方法很容易使你摆脱其中的各种利害关系，淡化矛盾或转移焦点，从而减少领导对你的敌意。在心绪正常的情况下，理智占了上风，他自然会认真地考虑你的意见，不致先入为主地将你的意见“一棒子打死”。

卡耐基在《人性的弱点》一书中就曾提出，每个人都会犯错误，每人也都有自尊心，有些问题可以不必采用直接批评的方法，相反，可采用间接的方法来指出问题，有时效果反而会更好。

自制内敛 不坏事

5

一个单纯天真的年轻人最容易犯的一个毛病就是爱冲动，凡事不考虑后果，由着自己性子来，殊不知这是在社会上行走的大忌，一不小心就会翻船栽跟头，付出的代价是超出想象的。

控制你的愤怒情绪

很多时候，让我们大动肝火进而愤怒发飙的往往只是一些不足挂齿的小事。

有一天，皮尔提摩亚旅社联合公司总经理波曼听到他公司里有一个职员埋怨自己的工作，说自己工作太过度，并没有人赏识他。波曼想马上走上前去把他辞退。但是怒气消退一点的时候，他走向前去对那职员说："乔治，你近来是不是觉得受了委屈？"

"啊！没有，"他答，"我觉得很好。"

"我刚才好像听你说工作太过度了，而你有点不满意你的工作。"波曼和颜悦色地继续说着。

那个人非常惭愧地说，只不过因为他昨天在一块泥泞的地上摔了一跤一直都觉得很窝火。

如果生活中一些琐碎的事情使你肝火上升，首先应找出原因，再想办法解除它，或找个阳光明媚、山清水秀的地方散散步。

大银行家斯提尔曼一次严厉地叱责银行里的一个高级职员。这位职员可怜地站在他的面前。斯提尔曼坐在写字台后，铁黑着面孔，一支钢笔在他的手指间不停穿梭，一上一下地在桌上敲着。他就这样，不动也不换声调，用一种冷嘲热讽的口吻，对着这个职员严厉地痛骂着。而最后几句话用残暴形容也嫌轻些，以至于那不幸的职员只能战栗，大颗的汗珠布满额头。

他在痛骂员工时还有一个客户在场。那客户也觉得这太过分了，终于忍不住说出来："斯提尔曼，我一生中从没有看见过像你这样粗暴的人。这个人在你银行里身居重要的职位，而你当着一个客人的面侮辱他！假如你激起他马上用刀把你刺死，我都不会觉得稀奇！一个人不能如此对别人，或是任自己这样放纵。我想恐怕你的神经快要崩溃了吧。”

斯提尔曼听了这种斥责静默不动，他的脸色潜伏着愤怒，钢笔还是不住地在桌上敲着，终于他冒出一句：“你滚！”结局当然不言自明了，斯提尔曼的那位得力的助手辞职了，他的那位客人从此再也没有上过他的门，本来谈好的合作项目当然告吹了。

像斯提尔曼这样的人，如果他的公司倒闭的话，我们不会感到奇怪，因为他用怒火把自己的工作烧得面目全非。而如果波曼来处理这件事，结果肯定会是另一种情况了。

“能忍耐，才是长久的基石。要把愤怒视为自己的敌人。”

这是日本德川家康的遗训，颇值得我们深切体味。

愤怒时人会变得无宽恕能力，甚至不可理喻，思想总是围绕着报复打转，根本不计任何后果。心理学家齐尔曼指出，这种高度激昂的反应会给人“力量与勇气的错觉，激发侵略心理……”若一时失去理智，便可能诉诸最原始的反应。

齐尔曼随之指出化解怒气的方法是检视引发怒火的想法，因为这是促使一连串怒火爆发的始作俑者，后续的思维则有煽风点火的效果。采取这个方法的时机非常重要，简而言之，时机愈早效果愈大。事实上，如果能在发作之前投入缓和的因素，是可以完全熄灭怒火的。

缓和的因素可让人重新评估引发怒气的事件，不过这个方式有一定的限度。齐尔曼发现只有轻微程度的愤怒才有效，如果当事人已是勃然大怒，则会因“认知的无能”而失去效果，也就是说发怒者已无法好好思考。这时候发怒者的反应可能是“那是他活该”，或甚至恶言相向。

强生13岁那年，有一次在盛怒之下离家出走，发誓再也不回家了。那是一个美丽的夏日，他在恬静的巷道走了很久，周遭的静谧与美好渐使强生心情平静下来。几个小时后他怀着愧疚回家了，一种温馨的感觉在心里不断加强。自此以后，每当愤怒时他便出去走一走，他发现这是最好的方式。

有一次李扬在纽约搭计程车，车子前面站着一个年轻人等着过马路。计程车司机急着要开走，按喇叭示意年轻人走开，得到的回答是一脸怒容与不友好的手势。

“狗娘养的！”司机骂了一声，煞车油门一起踩，仿佛要直撞过去。年轻人沉着脸移开脚，但用拳头打了车一下。当然，这又引发了司机一连串污言秽语。

一路上司机仍余怒未消地对李扬说：“这年头谁的气也不必受，都得吼回去，至少心里会爽快一点。”

有些人认为发泄怒气是处理怒气的一个好办法，也可以说是“心里会爽快一点”。但齐尔曼对此却有不同的意见。自20世纪50年代以来，就有心理学家做过发泄怒气的实验，也一再发现这对平息怒火效果几乎没有作用(虽则因为愤怒本身的特殊激昂感，发泄者可能会一时觉得爽快)。

的确，发泄怒气是冷却怒火最糟糕的方式，发作时常会使情绪中枢火上添油，结果是更加愤怒，或使愤怒的情绪更加延长。比较有效的方式是先冷却一段时间，然后以较建设性的态度与对方面对面找出解决方案。有人问西藏高僧应如何处理愤怒，他的回答是：“不要压抑，但也不要冲动行事。”

的确，不论对事还是对人，谅解的心才是最佳的灭火剂。

大可忍一时之气

有一堂课是年轻人行走社会必修的课程，什么课程呢？“忍耐”课。忍什么？一是忍气，二是忍辱。气指气愤，辱指屈辱。气愤来自于生活中的不公，辱产生于人格的褒贬。忍气是为了抑制内心一时的冲动，凡事要想得开，看得远。忍耐是一种美德，是一种成熟的涵养，更是一种以屈求伸的深谋远虑。

吃亏人常在，能忍者自安，忍耐是人类适应自然选择和社会竞争的一种方式。大凡世上的无谓争端多起于草芥小事，一时冲动，铸成大祸，不仅伤人，而且害己，此乃匹夫之勇。

凡事能忍者，不是英雄，至少也是达士。而凡事不能忍者纵然有点愚勇，终归城府太浅。人有时大愚，小气不愿咽，大祸接踵来。人应该为自己的快乐而活着，切莫因别人的失礼而生气。谁都不愿被别人所左右，如动辄生怒，恰恰自陷于受别人左右的陷坑，不仅左右你面部表情，而且左右了你的心理情绪。这样你最易被人玩弄于股掌之上，“激将法”正是如此。

忍耐并非懦弱，而是于从容之中冷嘲或蔑视对方。

无论是民族还是小人，生存的时间越长，忍耐的功夫就越深。生活在世上，要成就一番事业，谁都难免经受一段忍辱负重的曲折历程。因此，忍辱几乎是有所作为的必然代价，能不能忍受则是伟人与凡人之间的区别吧。屈辱能令人发愤，催人奋进，是一种无形而巨大的向上动力。

忍耐作为处世艺术，具体运用的方式一般有两种：一、压抑；二、遗忘。心理健康的人，能够比较自如地调节内在的心理防御机制，将生活中不快的负性因素及其引起的不良情绪或压抑到意识之下，或遗忘于意识之外。压抑与遗忘比较，遗忘更洒脱彻底。被迫的忍耐无疑有强行压抑的痛苦。人世间确有许多事是忍无可忍，是否可忍的关键并非在事情的本身，而在于你自己视它为多少分量。

如果对生活中的睚眦怨气时时铭心刻骨、耿耿于怀，那么忍耐这一关是难得跨过去了。反之，对草芥小事皆能视而不见、过后即忘，则能“淡泊以明志，宁静以致远”。中国人以坚毅忍耐著称于世，崇奉“忍耐”是一种社会人格成熟完臻的体现。

当一个人实力微弱、处境困难的时候，也就是最容易受到打击和欺侮的时候。在这种情况下，人们的抗争力最差，如果能避开大劫也算很幸运了。此时面对他人过分的“待遇”，最好是“退一步海阔天空”，先忍下一时之气，立足于“留得青山在，不怕没柴烧”，用“卧薪尝胆，待机而动”作为忍耐与发奋的动力。

当然，这里所说的“卧薪尝胆，待机而动”，应把握好以下行为界限：其一，目的应该是为了渡过难关，克服别人给你制造的麻烦，以免影响你的正事；其二，这种信念所针对的麻烦应是对抗性的矛盾和冲突，而不是那些鸡毛蒜皮的小事；其三，着眼于远大目标，致力于成就大事，而不能采取卑鄙的报复行为；第四，这种信念的价值就在于以暂时之忍耐换取长久的利益。

得饶人处
且饶人

有句话被许多人赞同并奉为经典，一些人甚至用其作为告诫自己的座右铭——“小不忍则乱大谋”。的确，这句话包含有智慧的因素。有鸿鹄之志的人，不会斤斤计较个人得失，更不应在小事上纠缠不清，而应有广阔的胸襟，远大的抱负。只有如此，才能目存高远，才能成就大事，从而达到自己的目标。

“小不忍则乱大谋”，很有些一种谋略的味道。我们理解这句话，关键是要理解“忍”这个字。我们经常听到：“心字头上一把刀，遇事能忍祸自消”“忍得一时之气，免却百日之忧”，等等的谚语俚话。那么，我们到底要忍什么？

苏轼在《留侯论》中说：“忍小忿而就大谋。”这里是说，忍住个人的私怨，忍住个人的鲁莽之勇。忍小利而存高远，舍小益而图大计。这是“毋见小利。见小利，则大事不成。”忍辱负重。勾践忍不得会稽之耻，怎能卧薪尝胆，兴越灭吴？韩信受不得胯下之辱，哪能淮阴封侯？

因此，在中国传统的观念里，忍耐也是一种美德。这一观点尽管与现代这种竞争社会不合拍，但是，很多学者已经发现，中国传统文化里有些东西并没有过时，相反，其中的学问博大精深，如果运用于现代人的生活，必将使人们受益匪浅。其中，忍耐就大有学问，忍耐包括很多种。当与人发生矛盾的时候，忍耐可以化干戈为玉帛，这种忍耐无疑是一种大智慧。

唐代高僧寒山问拾得和尚：“大师，我现今有一事不明，望点拨于我。今有人侮我，冷笑我，藐视我，毁我伤我，嫌我伤我，嫌我恨我，则奈何？”拾得和尚微笑，说道：“子但忍受之，依他，让他，敬他，避他，苦苦耐他，装聋作哑，漠然置他，冷眼观之，看他如何结局？”这种忍耐里透着的是智慧和勇气。

人生不可能总是风调雨顺，当遇到不如意、不痛快，甚至是灾难时，一个人的忍耐力往往就能发挥出奇制胜的作用。很多时候，因为小地方忍不住，而害了大事，这是得不偿失的。

三国时，诸葛亮鞠躬尽瘁，秉承刘备白帝托孤之重，六出祁山，攻打司马懿，可司马懿就是不出来应战。诸葛亮用尽了一切手段，极尽所能地侮辱司马懿，但司马懿对诸葛亮的侮辱总是置之不理。总之，司马懿就是不出来与诸葛亮交锋。等到诸葛亮的粮食吃完了，不得不退兵回蜀国，战争就这样结束了。诸葛亮六次出兵祁山，每次都是无功而返。司马懿之所以不战而胜，就是因为一个“忍”。

一般来说，人们在与别人发生冲突误会时，也会选择忍耐，大事化小，小事化了。可是那只是一时的容忍，比较容易做到。难得的是，在忍耐过后的一段时间里，需要忍受着各种各样的折磨。这后来的忍耐力是难能可贵的，但也是做人最应该拥有的一种能力。

忍一时风平浪静，退一步海阔天空。忍耐不是目的，是一种策略，但并不是每个人都能做到忍耐。

把“忍”字拆开来看，忍字头上是一把“刀刃”。这把刀，是悬在心口上的，它时刻提醒你，做好选择，要不，我会刺痛你的心。这把刀，让你痛，也会让你痛定思痛；这把刀，可以削平你的锐气，也可以雕琢出你的勇气。只要我们仍然身处在种种算计和争斗里，有些纷扰就永远不会结束。

有人说，忍耐就是一种妥协。其实，妥协不是简单地让步，而是在知己知彼的基础上达成了一种共识。不管是生活，还是工作，妥协都不仅仅是为了“家和万事兴”、“安定团结”，而且还隐藏着一种坚持，这种坚持实际上就是一种坚定的决心。

大庭广众之中，众目睽睽之下，如果互相谩骂攻击，不仅有伤风化，使你斯文扫地，还破坏了社会的文明形象。当然，有时要做到忍，也的确不易。虽然忍耐是让人痛苦的，但最后的结果却是甜蜜的。因此，遇事要冷静，要先考虑一下后果，本着息事宁人的态度去化解矛盾，我们就不至于为了一些鸡毛蒜皮的小事而纠缠不清，更不会使矛盾升级扩大。

人，贵在能屈能伸。伸，很容易，但屈就很难了，这需要有非凡的忍耐力才行。只要这个人真正有智慧，有才干，不管他忍耐多久，终究会有出头之日，而且他的忍耐力反而会更加富有魅力和内涵。人生很多时候都需要忍耐，忍耐误解，忍耐寂寞，忍耐贫穷，忍耐失败。持久的忍耐力体现着一个人能屈能伸的胸怀。人生总有低谷，有巅峰。只有那些在低谷中还能坦然处之的人，才是真正有智慧的人。走过低谷，前面就是海阔的天空。回过头来，那些在低谷里忍耐的日子，那些在苦难中挣扎的日子，那些在寂寞里执着的日子，都会显得弥足珍贵。忍耐，这是一种宝贵的人生财富！

大凡有人的地方，就会有矛盾。世界这么小，你不碰我，我还会碰你，关键是如何看待，如何处理。得饶人处且饶人，相逢一笑泯恩仇。一张笑脸，一句诚恳的道歉，就能化干戈为玉帛，冰释前嫌，何乐而不为呢？何必为区区小事而斤斤计较、耿耿于怀呢？

没有爬不过去的山，也没有蹚不过去的河。忍一时的委屈，可以保全大家的宁静、和谐，并不损失什么，反而还会赢得一个更为宽阔的心灵空间。何乐而不为呢？

忍一时之气
成日后大事

与人交往，难免会产生矛盾，有的是因为认识的水平不同；有的是因为对对方不了解；有的是原本有某些偏见和误解。如果你有较大的度量，以谅解的态度对待别人，忍住最容易爆发的激动情绪，这样你就可能赢得时间，矛盾也可能得到缓和。

爱因斯坦博士是全世界都尊敬的人，他是全球数学、物理方面无可争议的专家。这位创造相对论和原子理论的人，竟然也咽下过一口“气”。有一天，他上汽车后，正想一个问题，数错了钱。售票员大声讽刺他：“你这么大个人，会不会算数呀！”爱因斯坦一笑置之：“不会就不会吧！”

社交过程中，由于偏见和误解常常会使一方伤害另一方。假设另一方耿耿于怀，那关系就无法融洽。如果受伤害的一方有很大的度量，不念旧恶，那会使原先持偏见者感情受到震动。

度量问题不是个无关紧要的小问题。度量如海还是度量如杯，在重要关头，它就可以关系到事业的成败。为一点小事斤斤计较，争吵不休，既伤害了感情，影响了友谊，也无益于你成大事，结果不是双输而是两败。因此，捐弃个人成见，不在社交场合为区区小利争斗，不为炫耀自己而去贬低他人，发扬一点忍让精神，对许多事情进行“冷处理”，摆脱互相之间无原则的纠缠和不必要的争执，不计较一切无关大局的小事……那么，你的风度将会获得社交场合中众人的青睐，你的事业也会如虎添翼，收到双赢的效果。

有位爱尔兰人名叫欧·哈里，上过卡耐基的课。他受的教育不多，可是很爱抬杠。他当过人家的汽车司机，后来因为推销卡车不顺利，来求助于卡耐基。听了几个简单的问题，卡耐基就发现他老是跟顾客争辩。如果对方挑剔他的车子，他立刻会涨红脸大声强辩。欧·哈里承认，他在口头上赢得了不少的辩论，但没能赢得顾客。他后来对卡耐基说："在走出人家的办公室时我总是对自己说，我总算整了那混蛋一次。我的确整了他一次，可是我什么都没能卖给他。"

所以，卡耐基的难题是如何训练欧·哈里自制，避免争强好胜。欧·哈里后来成了纽约怀德汽车公司的明星推销员。他是怎么成大事的？这是他的说法："如果我现在走进顾客的办公室，而对方说：'什么？怀德卡车？不好！你就送我我都不要，我要的是何赛的卡车。'我会说：'老兄，何赛的货色的确不错，买他们的卡车绝错不了，何赛的车是优良产品。'"

"这样他就无话可说了，没有抬杠的余地。如果他说何赛的车子最好，我说没错，他只有住嘴了。他总不能在我同意他的看法后，还说一下午的何赛车子最好。我们接着不再谈何赛，我就开始介绍怀德的优点。

"当年若是听到他那种话，我早就气得脸一阵红、一阵白了——我就会挑何赛的错，而我越挑剔别的车子不好，对方就越说它好。争辩越激烈，对方就越喜欢我竞争对手的产品。"

"现在回忆起来，真不知道过去是怎么干推销的！以往我花了不少时间在抬杠上，现在我守口如瓶了，果然有效。"

正如明智的本杰明·富兰克林所说的："如果你老是抬杠、反驳，也许偶尔能获胜，但那只是空洞的胜利，因为你永远都得不到对方的好感。"

因此，你自己要衡量一下，你是宁愿要一种字面上的、表面上的胜利，还是要别人对你的好感？你可能有理，但要想在争论中改变别人的主意，一切都是徒劳。那就不妨试试先咽下一口气再说。

生气前不妨给自己一分钟的冷静时间

无论是做事还是做人都不能由着自己的性子来，如果有人因此夸一个人是什么“性情中人”，这并非什么好话，其实是在变相地指责其单纯、幼稚。

控制消极情绪似乎是一件很难做到的事，其实只要你在日常生活中注意培养自己控制情绪的能力，那么到了关键时刻就能做到“每临大事有静气”。

著名心理学家弗兰克尔曾讲过一个故事——一位老人因心爱的老伴去世而痛不欲生，弗兰克尔却对他说，他替他感到高兴。老人不解地问道：“你怎么能这样说呢？”于是弗兰克尔给他指出，如果他先死，他的老伴必然万分悲痛。既然现在是老伴先死，他就义不容辞地承担这种痛苦，并为老伴不会受这种罪而感到庆幸。这位老人接受了弗兰克尔的观点，改变了自己的想法，他的心态也逐渐变得平和起来。

生活中我们常见到当事人因不能克制自己，而引发争吵、咒骂、打架，甚至流血冲突的情况。有时仅仅是谁踩了谁的脚，一句话说得不当，在地铁里抢座位，在公交车上挨了一下挤，都可能成为引爆一场口舌大战或拳脚演练的导火索。在社会治安案件中，相当多的案件都是由于当事人不能冷静地处理微不足道的繁琐小事而发生的。

人皆有七情六欲，遇到外界的不良刺激时，难免情绪激动、发火、愤怒。这是人的本能的生理和心理反应。但这种激动的情绪不可放纵，因为它可能使你丧失冷静和理智，不计后果地行事。因此，当你遇到事情时，面对人际矛盾时，要学会克制，学会忍耐，不要像炮捻子，一点就着。

中国古代打仗时，如果守城的一方宣布闭门停战，攻城的一方便在城下百般秽骂，非要惹得那守城的一方怒火中烧，杀出城来——攻城的才可以乘机获胜。兵法上称之为“激将法”。但如果守城的能克制忍耐，对方也就无计可施了。不但敌我作战之际需要有克制忍耐的大将风度，就是日常生活中待人处事，也须有克制忍耐的涵养。

石油大王洛克菲勒早年，曾有一青年闯入他的办公室，闯到他的写字台前，用拳头猛击台面，并大发雷霆地说：“洛克菲勒，我恨你！……”

那人恣意谩骂十分钟之久。办公室里的职员听得清清楚楚，料想洛克菲勒一定会拿起墨水瓶向那人掷去，或者叫保安把他赶出去。但是洛克菲勒没有这样做，他把笔搁下，神情和善平和，静静地注视着发怒者。

最后，那青年只好拍了几下桌子，怏怏离去。

洛克菲勒扶正那张椅子，像没事似的，又埋头工作，也始终不再提这事。

林肯说的好：“与其为争路而被狗咬，不如将路让给狗。即使将狗杀死，也不能治好受伤的伤口。”

唐代僧人寒山曾写诗道：“有人来骂我，分明了了知(心里明明白白)。虽然不应对，却是得便宜。”这首诗很值得玩味。

清人傅山说过：愤怒正到沸腾时，就能铲除并停止住，这一点不是“天下大勇者”便不能做到。

中国古语讲：“小不忍则乱大谋。”如果你想和对方一样发怒，你就应该先想想这种爆发会产生什么后果。如果发怒必定会损害你的身心健康和利益，那么你就应该约束自己、克制自己，无论这种自制是如何的吃力。

西汉名臣张良年轻时曾遇到一件事。一天，他到下邳桥散步，有个老人，穿着粗布衣服，走到张良跟前，故意将鞋子掉到桥下，冲着张良说：“小子，下去给我把鞋捡上来！”张良听了一愣，顿时怒火中烧，因为看他是个老年人，就强忍着怒气到桥下把鞋子捡了上来。老人说：“给我把鞋穿上。”张良想，既然已经捡了鞋，好事就做到底吧，于是跪下来给老人穿鞋。老人穿上后笑着离去了，一会儿又返回来，对张良说：“你这个小伙子可以教导。”于是约张良再见面。这个老人后来向张良传授了《太公兵法》，使张良最终成为一代良臣。

老人考察张良，就是看他有没有遇辱能忍的自我控制力，有这种控制力，今后才能担当大任，处理各种复杂的人际关系和艰巨的事情；才能遇事冷静，知道祸福所在，不意气用事。

如果你忍不住别人的刺激快要如火山一样爆发时，就试试曾是美国总统的杰弗逊所教的方法：“生气的时候，开口前先数到十，如果非常愤怒，先数到一百。”

其实人的心态可以自制和调整。这就是为什么许多人年轻的时候心浮气躁，肝火很大，而到了年老时反而心气平和的原因。因此，如果你想年轻时成就一番事业，首先就要学会控制自己的情绪，这样年老时才不至于后悔。

善于做好自我约束

情绪的控制力对成功的作用和高智商一样重要。不仅如此，要过好的生活，使自己享受富足的精神，就必须具有较高的情绪智商。

三国时期，有一次，曹操想请司马懿出来帮他，司马懿见形势还不明朗，便推说自己病了。曹操派人前去打探，见司马懿整天卧床不起，只好作罢。

后来，曹操势力大了，司马懿还是出来做了官。曹操死后，传位给曹丕，曹丕死后，又传位给曹睿，曹睿死后又传位给8岁的曹芳，由曹爽和司马懿共同辅佐他。曹爽独断专行，司马懿失去了实权。这时候司马懿意识到了危险，便又称病在家，什么事也不管了。曹爽听说司马懿病重，自然高兴，但也不无怀疑，便派了一个叫李胜的人去察看。李胜来到司马懿家里，只见一个婢女正在给司马懿喂粥，司马懿的胡子、衣襟上洒满了粥。看见李胜，他装聋作哑，唠唠叨叨地说了一通废话。

李胜果然被骗住了，回去告诉曹爽，说司马懿那老头子只剩一口气了。曹爽放下了一块心病，更加独断专行。但司马懿的夺权计划却在秘密进行。

魏嘉平元年，司马懿集结几千名精兵，迅速占领了都城，假借皇太后命令，罢免了曹爽的兵权。曹爽交出兵权后被软禁起来，不久又以谋反罪被诛杀。至此，曹魏政权落在司马懿的手里。

古今中外成大事者。无一不是善于控制自身情绪的人。司马懿想夺取天下，但他绝不贸然行事，第一次装病是伺机而动，第二次装病是“示弱”以保护自己，两次都事关重大。两次装病，才有司马懿后来的独揽政权。

谁都会有恐惧、害怕的时候，我们并非草木。那些成功人士也会对自己的事业有种种担忧，但他们善于将这些情绪有效地加以利用，使它们有节制地发挥作用。他们的做法无非是以下简单的几条：

第一，对于心中所害怕的事，找出它的根源和理由。如果您找不到可靠的缘由，最好去找专家咨询。

第二，让担忧的情绪暴露在光天化日之下，剔除神秘感，找到您能着手改进的地方。往往会令您感到惊奇的是，原来所担心的事，其实是如此微不足道。

第三，内心充满坚定的思想。这样坏情绪便无立足之地，请时时牢记思想比恐惧强大。您越有信念，您的恐惧感便越小。

第四，在您现在的基础上，努力去做，多做一些；然后不断实践，直到您真正能够对一切游刃有余。

第五，面对心中忧虑的事。勇敢向它挑战，尽量减少其危害。事实上，也许没有最糟糕的情形，因为实际上，您心里所害怕的，往往出自于自己的想象，它不过是纸老虎。

自由并不是高兴做什么就做什么，也不是采取一种不顾一切的态度。自己要战胜自己的情绪，证明自己有控制自己命运的能力，必须学会自控。如果任凭情绪支配自己的行动，那便会使得自己成了情绪的奴隶。一个人，没有比被自己的情绪所奴役更不自由的了。

我们每个人都在通过努力做使自己生活更有意义的事。并且，在向着未来的目标奋进。但是，生活在现实的世界中，我们绝不应该采取仅使今天感到愉快的态度而丝毫不顾及明天可能发生的后果。我们的情绪大都容易倾向于获得暂时的满足。所以，我们要善于做好自我约束。但是须注意的是，那些提供大量暂时的满足的事，通常就是对我们长期的健康、快乐和成功最有害的事情。因此，在追求一种有意义的生活时，我们应当努力预测自己所从事的事情对将来可能产生的后果。

用了同样的努力，有人成功了，有人则失败了。他们可能都知道成功的途径，但他们之间有一个主要的不同，在于成功者总是约束自己，去做正确的事情；而不成功的人总是容忍让自己的感情占上风。正如有人所说：“我的预见很少出错，但我却常常做错事。”要具备自我约束的能力，就应该从长远考虑，让自己获取最大利益，同时必须抑制人的感情的冲动。因为一时感情冲动去行事，是一种失去控制的危险活动。然而，很多人却依旧凭感情冲动行事。例如：当一大群人朝着一个方向行走，而您的理智或常识告诉您那是一个错误的方向时，您自我约束的能力就受到严峻的考验。这时也正是您必须运用自我约束的力量压倒您随大流时那种短暂的舒服感受的时候，要提醒自己，这个大流从长远看并不一定都正确。而战胜自己之后，您的情绪能力也将得到飞跃。千万不要纵容自己，给自己找借口。对自己严格一点儿，时间长了，自律便成为一种习惯，一种生活方式，您的人格和情绪也因此变得更完美。

王述是东晋大臣，性情极其急躁。家里的人都不敢轻易招惹他，与他同朝为官的人都知道他性情急躁，因而，也不敢轻易惹他。

有这样一件事例就可以反映他的脾气。王述喜欢吃卤鸡蛋：就是把煮熟的鸡蛋去皮，再在卤汤中煮，其味道香极了。这天，厨师又特意为他准备了卤鸡蛋。看到又香又大的卤鸡蛋，王述口水都要流下来了。他迫不及待地拿起筷子就夹，可是鸡蛋太滑了，怎么夹也夹不上来，这可气坏了王述，脑门上不禁渗出一层细汗。于是，他干脆用筷子叉，可是鸡蛋很滑，他怎么都叉不到。王述连续试了几次都不成功。这下他可发脾气了，再也没有耐心去夹鸡蛋。怒气冲冲地把整盘鸡蛋都掀到了地上。鸡蛋在地上滚来滚去还是没有停，看着鸡蛋不停地在地上打滚，他的火气更大了，慌忙穿上木屐下地去碾，可还是没碾到。他气得要命，口中不住地念叨：“气死我了，跟我过不去，看我不宰了你。”说着把从地上捡起一个鸡蛋放进嘴里，狠狠地嚼碎了又立即吐了出来，以发泄愤恨。

当时还有一个人物谢奕，他是东晋著名大臣谢安的哥哥。谢奕的性情粗暴蛮横，自己虽然没有什么本事，但是因为他弟弟谢安握有实权，他就有恃无恐，在整个京城也是个说一不二的人物，如果有谁敢惹他，肯定不会有好下场。

一次，王述和谢奕同时参加一个大臣举办的筵席，席间大臣们为了一件小事发生了争论，以王述为首的一派和以谢奕为首的一派意见相左，各派都坚持自己的观点，谁也不肯让步。最后，还是在主人的劝说下，两派才善罢甘休，各自回到自己的座位上，继续喝酒。王述很快就把这件事忘了，继续和朋友们喝酒聊天，而且喝得十分尽兴。而谢奕就没那么健忘了，他越想越气，心想：死王述，你不想活了，竟然在别人家的筵席上和我发生争执，而且一点也不知道让着我，搞得我一点面子都没有……谢奕越想气就越不打一处来，那天晚上的筵席也没尽兴。心里面总在骂王述。回到家里，他越想越不是滋味，整个晚上都没睡好。第二天一大早，谢奕就来到王述家，王述家的大门还没开呢。谢奕就命人拼命地撞门，差点把门给撞坏。王家的仆人吓得不得了，慌忙打开大门，并去禀报王述。王述匆忙穿上衣服，准备去迎接谢奕。可还没等王述出门，谢奕已经气冲冲的闯了进来，见了王述便劈头盖脸的一顿臭骂："王述，你个不知天高地厚的东西，竟然在昨晚的筵席上和我顶撞，你不知道给我留点面子吗？你是什么东西，读了那么多圣贤书，都喂狗吃了……"谢奕肆无忌惮在王家大骂，王述始终不敢正面看谢奕。他知道昨晚酒喝得多了，是不该和他发生争执，毕竟谢奕是谢安的哥哥，得罪了他们兄弟俩可不是闹着玩的。于是，任凭谢奕大骂，王述一句话也不还。谢奕骂了足足有半个时辰，嗓子都哑了。又命身边的仆人继续骂，仆人们也喊累了，声音越来越小，谢奕这才罢休，带着人走了。王述过了很长时间才转过身来，偷偷问身边的仆人："他们走了吗？"仆人说："走了。"王述这才回到自己的座位上。此后，人们都称赞王述虽然性情急躁，却能够有所容忍。

性情暴躁，遇事不能控制自己的感情，是阻碍个人发展的一个很不利的因素。王述就是一个性情很急躁的人，从他吃鸡蛋那件事情我们明显能够看得出。但是当谢奕大骂王述的时候，他并没有丧失理智，而是能够从容面对。其实这里的道理很简单，对鸡蛋发脾气，鸡蛋不会报复自己；而如果对谢奕发脾气，那日后必定遭到报复。

所以，那些性情暴躁的人，一定要控制好自己的情绪，遇事不要轻易发火，要学会容忍。否则，就会得罪很多人，日后必将不利于自己的发展。

委小屈 求大全

好汉要吃眼前亏的目的是为了留得青山，要以吃眼前亏来换取其他的利益，如果因为不吃眼前亏而蒙受巨大的损失或灾难，甚至把命都弄丢了，那还有什么意义呢？

可以假设这样一个情况：你开车和别的车擦撞，对方只是“小伤”，甚至可以说根本不算伤，可是对方车上下来四个彪形大汉，个个横眉竖目，围住你索赔，眼看四周荒僻，也无公用电话，更不可能有人对你伸出援助之手后。请问，你要不要吃“赔钱了事”这个亏呢？

你当然可以不吃，如果你能“说”退他们，或是能“打”退他们，而且自己不会受伤。如果你不能说又不能打，那么看来也只有“赔钱了事”了。因为，“赔钱”就是“眼前亏”，你若不吃，换来的可能是更大的损失。

所以说：“好汉要吃眼前亏”，因为“眼前亏”不吃，可能要吃更大的亏。

汉初名将韩信年轻时家境贫穷，他本人既不会溜须拍马，做官从政，又不会投机取巧，买卖经商。整天只顾研读兵书，最后，连一天两顿饭也没有着落，他只好背上祖传宝剑，沿街讨饭。

有个财大气粗的屠夫看不起韩信这副寒酸迂腐的书生相，故意当众奚落他说：“你虽然长得人高马大，又好佩刀带剑，但不过是个胆小鬼罢了。你要是不怕死，就一剑捅了我；要是怕死，就从我裤裆底下钻过去。”说罢双腿叉开，摆好姿势。

众人一哄围上，想看韩信的笑话。

韩信认真地打量着屠夫，竟然弯腰趴在地上，从屠夫裤裆下面钻了过去。街上的人顿时哄然大笑，都说韩信是个胆小鬼。

韩信忍气吞声，闭门苦读。几年后，各地爆发反抗秦王朝统治的大起义，韩信闻风而起，仗剑从军。

韩信忍胯下之辱而图盖世功业，成为千秋佳话。假如，他当初为争一时之气，一剑刺死羞辱他的屠夫，按律法处置，则无异于以盖世将才之命抵偿无知狂徒之身。韩信深明此理，宁愿忍辱负重，也不愿争一时之短长而毁弃自己长远的前程。

这样的忍耐，不是屈服，而是退让中另谋进取；不是逆来顺受、甘为人奴，而是委小屈求大全。一旦时机到了，他就能如同水底潜龙冲腾而起，施展才干，创建功业。所以说，吃“眼前亏”是为了不吃更大的亏，是为了获得更长远的利益和更高的目标。“忍之所不能忍，方能为人所不能为。”看似英勇、心气冲天的人其实是莽夫一个；而忍气吞声、宁吃眼前亏的人才是真正的好汉。

化干戈为玉帛

行走江湖的人都知道：“冤家宜解不宜结”，“多一个朋友多条路，多一个冤家多堵墙”。与人交往也是这样，能握手就尽量不要握拳，大动干戈对大家都没有好处。

在一个市场里有两个紧挨着的摊位，左边的甲经营着肉类产品，右边的乙则专卖各种调料。按理说两人应当是井水不犯河水，但因为刚来时两家抢摊位发生过一次争执，所以两个摊主就结下了仇，谁看谁都不顺眼，经常互相找碴争吵。一次乙不小心碰歪了甲的肉案子，甲就不依不饶地大骂一通。正在这时，一个顾客要买几斤猪肉，甲刚要下刀切，乙就在一旁阴阳怪气地说起话来：“要说买肉啊，还真得选对地方！听说现在有些不法商贩不是在猪肉里注水，就是拿没经过检疫的肉当好肉卖，不小心不行啊！”那个顾客听了这番话连忙朝甲摆手说不买了！甲气得把刀往案板上一摔，就跟乙对骂起来，闹到最后又动起了手。商场管理员把他们带走了，并按规定没收了他们的执照，把他们清理出市场，两人这时才后悔起来：何必把仇结得这么深呢，现在闹到两败俱伤，对谁又有好处？

甲乙二人的悔悟来得太晚了，如果他们能早点化敌为友，又何至于闹到如此下场。俗话说：多个朋友多条路，多个敌人多堵墙。人人都明白这个道理，但一旦别人得罪了你，仍免不了耿耿于怀。看到这个人时，轻则如同陌路、视若无睹；重则似仇人相见，分外眼红。其实世上没有永远的仇人，报复心不利于人际交往，你应该学着放弃仇恨，原谅你的敌人。

一个人走在山路上，忽然看见有个皮袋子横在路中间，他走过去随便踢了一脚，可奇怪的是皮袋不但没被踢开，反而还变得更大了。这个人很生气，就又狠狠踢了一脚，可皮袋变得更大了。这个人在暴怒中一脚又一脚地踢过去，那个皮袋子竟然大得几乎把山路堵上了。正在这时，一个老人走了过来：“年轻人，快放开它走你的路吧，它叫仇恨袋，你越想报复它，它便越大，你不理它，它自然就变小了。”

冤冤相报何时了，仇恨只会加深彼此的对立，加重生活的不安与忧虑，于人于己两不利。所以我们应当学会用大度和宽容去原谅敌人。

在一个偏远的山村，王姓与金姓两家是三代世仇，两户人家一碰面，经常演出全武行。有一天傍晚，老王与老金从集市里回来，碰巧在返村的路上遇见了。两个仇人一碰面，倒没有开打，不过，也各自保持距离，互相不搭理对方。两人一前一后走在小路上，相距约有几米之远。

天色已经相当暗了，这是个乌云蔽月的夜晚，走着走着突然老王听见前面的老金“啊呀”一声惊叫，原来是他掉进溪水里了。老王看见后，连忙赶了过去，心想：“无论如何总是条人命，怎么能见死不救呢！”

老王看见老金在溪水里浮浮沉沉，双手在水面上不断挣扎着。这时，急中生智的老王连忙折下一段柳枝，迅速将枝梢递到老金的手中。

老金被救上岸后，感激地说了一声“谢谢”，然后猛一抬头才发现，原来救自己的人居然是仇家老王。

老金怀疑地问：“你为什么要救我？”

老王说：“为了报恩。”

老金一听更为疑惑：“报恩？恩从何来？”

老王说：“因为你救了我啊！”

老金丈二金刚摸不着脑袋，不解地问：“咦？我什么时候救过你啦？”

老王笑着说：“刚刚啊！因为今夜在这条路上，只有我们两个人一前一后行走。刚才你遇险时，倘不是你那一声‘啊呀’，第二个坠入溪水里的人肯定是我了。所以，我哪有知恩不报的道理呢？因此，真要说感谢的话，那理当先由我说啊！”两人的双手紧紧握到了一起，山村生活重新恢复了平静。

人与人之间没有什么事是不能和解的，就像老王和老金一样，只要伸出和解之手，化解彼此心中的怨恨，我们就会减少一个敌人，多一个肝胆相照的好朋友。

另外，我们也应该明白，人与人之间只有合作才能共同获益，互相扯后腿、互相对立，对谁都没有好处。美国竞选总统时，对手之间相互攻讦，甚至败坏对手的名声，但仍可在对手所组内阁中担任重要职务，对人性的协调不能不说是一种启示。能够与你成为对手的人，必定有着能够与你分庭抗礼的能力和实力，你能原谅你的仇人吗？由林肯委任而居于高位的人，很多都是曾批评或者羞辱过他的政治对手，于是林肯得以统一南北美。

可是，如果你用报复和仇视对待对手，你会招致一个什么样的结局呢？它将使你的敌手更坚定地站在你的对立面，去阻挠、破坏你的行动，破坏你创造的一切成果。而你，也会因为心中充斥报复的愤怒无暇他顾，你的理想和目标又如何能实现呢？“如果有可能的话，不应该对任何人有怨恨的心理。”德国哲学家叔本华如是说。

原谅你的敌人不是软弱，而是聪慧大度的表现。一个人如果想有好人缘，就要学会化敌为友、求同存异。这样才能扩大交际面、广泛进行合作，而更重要的是，大肚能容天下人，你的道路才会越走越宽。

不满大可不必形于言辞

在日常生活中，在单位上下级关系间、同事间，感到自己受到了不公平待遇时，许多人，其表现是不满、愤怒、对抗、暴跳如雷、大骂一通。这些行为，只是把一时的激动情绪简单地发泄了一下而已。结果呢？只是自己白白耗费了心力，于对方无丝毫损伤。而自己受歧视的处境仍然未变，不会发生丝毫的变化，也许受到的伤害更深。而在我们的生活中却有许多人都是这样来对待受歧视的。在聪慧大师看来，此乃愚昧粗鲁的方式，不足效仿。

西汉的杨恽，为人重仁义轻财物，为官廉洁奉法，大公无私。可是好人很难一路平安，他正官运亨通，春风得意之时，有人嫉妒他，在皇帝面前说他对皇帝陛下心怀不满，表现得那么廉正只是为了笼络人心，以便图谋不轨。

皇帝虽然不喜欢贪官，但更害怕有人和他唱对台戏，哪怕你才干再好，品德再高，你如果敢对他稍有微词，便会招来灾祸。经人这么一告发，皇帝勃然大怒就把他贬为平民。

杨恽丢了官，十分难过。原先做官时，添置家产多有不便。现在，添置一些家当，与廉政并无瓜葛，谁也抓不到什么把柄。于是他以置办财产来发泄自己的不满，每天在忙忙碌碌的劳动中得到了一定的心理平衡。

他的好朋友孙会宗听说这件事后，预感到他这样下去可能会闹出大事来，就连忙给杨恽写了一封信说："大臣被免掉了，应该关起门来表示心怀惶恐，装出可怜兮兮的样子，以免别人怀疑。你这样置办家产，搞公共关系，很容易引起人们的非议。让皇帝知道了，不会轻易放过你的。"

杨恽心里不以为然，回信给孙会宗说："我认为自己确实有很大的过错，德行也有很大的污点，应该一辈子做农夫。农夫虽然没有什么快乐，但在过年过节杀牛宰羊，喝酒唱歌，来犒劳自己，总不会犯法吧！”

孙会宗的担忧没有多余，又有人向皇帝诬告说，杨恽被免官后，不思悔改，生活腐化。而且最近出现的那次不吉利的日食，也是由他造成的。皇帝不问青红皂白，命令迅速将杨恽缉拿归案，以大逆不道的罪名将他腰斩了，他的妻儿子女也被流放到酒泉。

在这里，杨恽没有处理好与皇帝的关系，本来杨恽以不满皇帝而戴罪免官之后，如果听从友人的劝告，装出一副甘于忍受侮辱、逆来顺受的可怜样子，是不会引起别人注意的。杨恽却没有接受教训，他还要置家产、搞活动、交朋友，这不是明摆着唱对台戏？好吧，治你一个大逆不道之罪杀了，你还能不满吗？因为杨恽不能忍住自己的不满情绪，不会提防皇帝和敌人抓住自己不满的把柄，终于酿成了自己被杀、家人遭流放的悲剧。

我们不需要对那些令人不满的东西发愁，或者大发雷霆。如果这样做，不满情绪虽然得到了宣泄，但往往是无济于事。所以不满大可不必形于言辞。

开口之前细思量

6

在竞争激烈的现实社会环境中，说话的重要性无论怎样强调都不过分，因为一个人办事能力的高低，为人处世怎么样，以及由此留给周围人的印象，大多是通过说话体现出来。正因为说话如此重要，平时一定要注意提高自己的说话水平，开口之前细思量，没有把握不要乱说。须知，一语不慎，就是万劫不复的深渊。

无谓的言语
少说为妙

当初，释迦牟尼佛在莲花池上，面对诸位得道弟子，突然作拈花微笑，众人不解其意，而只有迦叶尊者领悟了佛祖的意思。他会心一笑，明白了许多人生道法。于是就有了禅宗的起源。孔子观于后稷之庙，有三座金铸的人像，几次闭口不说话，就在它的背上铭刻了几句名言：“古之慎言人也，戒之哉！无多言，无多事。多言多败，多事多害。”

释迦牟尼佛作拈花微笑，孔子铭刻“无多言，无多事”，这两位东西方的圣人的行为，寓意深刻。它劝诫人们：为人还是沉默低调，寡言善行，不骄不躁，宁可显得笨拙一些，也绝对不可以自作聪明，喜形于色，溢于言表。

一个真正懂得说话的人，不见得满口含玉，字字珠玑，但是，他总是能去领会对方的意图，说出对方想听到的话，而不是自以为是，只顾自己痛快。

孟子曰：“言人之不善，当如后患何？”言多必败，危害极大。医生说错话可以害死病人，君主的失言可以毁掉国家。一般人说错话也不可轻估，有人因言语得罪人而被人杀害；战争时，一句泄露机密的话足以导致全军覆没。所以古人守口如瓶，无谓的言语还是少说为妙，就像歌声婉转的鸟不会一天到晚地唱，只有惹人讨厌的乌鸦终日聒噪。

三国时期的杨修，在曹营内任主簿。他为人才思敏捷，是当时不可多得的人才之一，但是由于恃才自傲，屡次说话太随意而得罪了曹操。

曹操建造一座花园，竣工后，曹操四处观看，不发一语，只提笔在门上写了一个“活”字，想和手下人打个哑谜。众人看了都不解其意，只有杨修笑着说：“‘门’内添‘活’字，乃‘阔’字也。丞相是嫌园门太窄了，想扩宽它。”于是，手下再筑围墙，改造完毕又请曹操前往观看。曹操看了非常高兴，一问之下，知道杨修毫不费力就解出自己出的谜题，嘴巴上虽然称赞几句，但心里却很不是滋味。

又有一天，塞北送来一盒酥饼，曹操看着喜欢，在盒子上写了“一盒酥”三字来命名。杨修看到盒子上的字，眼珠一转，竟然等曹操走后，径自取来汤匙与众人分吃了那一盒糕饼。

事后杨修得了便宜还卖乖说：“盒子上的字拆开就是‘一人一口酥’，我怎么敢违背丞相的命令呢？”

曹操听了，虽然勉强保持风度、面带笑容，心里却十分厌恶杨修。

曹操率大军攻打汉中，迎战刘备时，双方于汉水一带对峙很久。曹操由于长时间屯兵，已经陷入进退两难的处境。此时，恰逢厨子端来一碗鸡汤，曹操见碗中有根鸡肋，感慨万千。

刚好夏侯惇在这时进入帐内问夜间口令，听到曹操说：“鸡肋！鸡肋！”夏侯惇便把这“鸡肋”当做口令传了出去。

行军主簿杨修听了这事，便叫随行的部众收拾行装，准备归程。夏侯惇问其中的原因，杨修解释道：“鸡肋鸡肋，弃之可惜，食之无味。今进不能胜，退恐遭人笑，在此有何益处？来日魏王必班师矣。”

夏侯惇觉得有道理，于是，下令营中将士打点行装，好鸣金收兵，准备撤退。曹操得知这种情况，气愤异常，指责杨修造谣惑众，犯扰乱军心罪，毫不留情地把他杀了。

杨修自以为是，只想一味夸耀自己的机智，完全不顾及别人的感受好恶，最终聪明反被聪明误，落了个悲惨的下场。

说话，主要是说给别人听的，既然如此，我们又怎么能不去考虑一下别人听了你说的话，会是什么样的感受呢？要知道，如果不注意说话的方式，很可能就会“招人烦”，虽说不至于像杨修那样招来杀身之祸，但也会给自己未来的道路设置无数隐形的绊脚石。

《易经》中说：“乱之所由生也，言语以为阶。君不密则失臣，臣不密则失身。”意思是说，产生乱的原因，语言是个阶梯。国君说话不慎重严密，就会失去臣民，臣子说话不慎重严密就会失去生命。庄子曰：“两喜多溢美之言，两怒多溢恶之言。”喜欢的时候就会说一些过分赞美的话，就失之于亲近、宽厚；发怒的时候就会说一些过分谴责的话，自己轻易地恶话加之于别人，那么，别人也必定会以恶语加之于我。

有的人说错一句话或做错一件事，不以为耻，反而大言不惭地说：“区区小事，何足挂齿。”谁知其害无穷！古人以璧玉比喻一个人的人格，璧玉上如果有了一块小小的斑点，这块璧玉就不是最好的了；正如一个人如果不谨言慎行，做错了一件事却玷污了他的人格，你一直公正无私，舍己为人，却偏偏因为你拿走了别人的一件小东西，降低了自己的威望，失去了别人对你的信任。另一方面，事情总是不断地发展变化。莫大的罪过非一时铸就，弥天祸殃非一日酿成。小恶是滑向罪恶深渊的起点。因此我们要严格要求自己，注意检点自己的言行是否符合道德规范，防微杜渐，扬长避短。

有这样一首诗写道：

缄口金人训，兢兢恐惧身。

出言刀剑利，积怨鬼神嗔。

简默应多福，吹嘘总是蠢。

时刻注意自己的言行，“言语最要谨慎，交友最要审择。”多说一句不如少说一句，多识一人不如少识一人。因为多话必多事，多事必多话，这就足以使你陷入是非毁誉的罗网之中。善装糊涂，善于掩饰自己，既不因为过激的话语引起别人的恼怒，也不会让别人看透你在想什么，更不会让他人觉得你深不可测，从而集中心思与力量来对付你，让你可以远离是非、有足够的时间和精力去积累你的能力和财富，这便是“沉默是金”的道理。

宽慰之词 要有度

同情弱者是一个人的美德，我们都遇到过需要帮助的人，尤其是当朋友遇到了挫折的时候，更是需要我们的宽慰。

不记得是谁说过的了：一份痛苦，如果有两个人分担，就只有半份痛苦了。这句充满哲理的话，从一方面揭示了分担的伟大，但却忽略了另一个方面，那就是，在分担痛苦的时候，很可能勾起对痛苦的回忆。要知道，宽慰别人的同时也是你最容易给他造成伤害的时候。

俗话说，当着矬子不说矮话，如果把握不好“度”，就很可能把安慰变成了“显摆”和刺激了。

生活中，有些人总喜欢在别人面前炫耀自己的得意之事，总以为这样就会让朋友高看自己，使别人敬佩自己，殊不知，别人并不愿意听你的得意之事。自我炫耀，效果反而适得其反。不要在失意者面前炫耀你的得意，因为你的得意衬托出别人的倒霉，甚至会让对方认为你炫耀自己的得意之事便是嘲笑他的无能，让他产生一种被比下去的感觉，特别是失意的人，你在他面前炫耀自己的得意之事，他会更恼火，甚至讨厌你。

某部门的王经理、小张、小王、小邱等一起炒股，起初两个礼拜王经理都是每猜必中，所以其他人都把王经理奉若神明，大家都向他看齐，王经理买什么，大家必跟着他。王经理因此故弄玄虚起来，说自己炒股获利完全得益于自己得天独厚的“第六感”。

可是，上帝似乎跟他开了一个很大的玩笑，王经理在那次“演说”之后，每炒必亏，这引起了众人对其“第六感”的质疑。最后，以小张为首的众人成立了炒股“自救会”，不再听从王经理的建议，而是集众人智慧集体炒股，甚至让王经理跟他们一起干。

这个时候，惟独小邱一人对王经理的态度依然如故。当炒股“自救会”举，行庆功宴时，小邱却独与王经理吃便当。最后的结果是，在王经理因炒股“血本无归，债台高筑”辞职时，他向上司举荐了小邱为下一任经理。

小邱的成功在于他运用了一个正确的处世之道；当着瘸子不说短话，失意人面前勿提得意事。试想：众人举行庆功会，是不是对王经理的揭短，在王经理看来，这就是当着他这个股市失意人谈得意事，他能不记在心里吗?

而小邱则正好相反，他懂得如何安慰一个失意的人，虽然他私下里也不再按照王经理的“第六感”买股票了，但在表面上却从不显露出来。其实，小张劝说王经理和他们一起干的动机是好的，希望他不要亏得太多，但是这种做法，对王经理而言无异于扇了他一个耳光。小张的做法是典型的好心办坏事，那么，是不是看到别人落难就不去安慰了呢?

肯定不是的，关键是安慰的方式。最好的方式就是你也以失意人的角色去安慰他，而不是以一个得意人的身份去指导他。

如果你正得意，要你不谈论不太容易，谁不想让别人看见自己的意气风发。所以这种人也没什么好责怪的。但是谈论你的得意时要看场合和对象，你可以在演说的公开场合谈，对你的员工谈，享受他们投给你钦佩的目光，更可以对路边的陌生人谈，让人把你当成神经病，就是不要对失意的人谈，因为失意的人最脆弱，也最多心，你的谈论在他听来都充满了讽刺与嘲弄的味道，让失意的人感受到你“看不起”他。当然有些人不在乎，你说你的，他听他的，但这么豪放的人不太多。因此你所谈论的得意，对大部分失意的人是一种伤害，这种滋味也只有经过的人才知道。

不在失意者面前谈论你的得意，这不仅是道德上的考虑，也是人际关系上的考虑。不过有一点你必须注意，就算在座没有正失意的人，但总也有境况不如你的人，你的得意还是有可能让他们起反感，人总是有嫉妒心的，这一点你必须承认！当然，如果你不知道对方正当失意则另当别论。一般来说，失意的人较少攻击性，郁郁寡欢是最普通的形态，但别以为他们只是如此。听你谈论了你的得意后，他们普遍会有一种怀恨的逆反心理！这是一种深入到心理深处的对你不满的反击！你说得口沫横飞，满面红光，殊不知已在失意者心中埋下一颗炸弹，说不准什么时候定时爆炸。不管失意者所采取的泄恨手段对你造成多大的损失，至少这是你人际关系上的危机，对你绝对是没有好处的。所以，当你有了得意事，不管是升了官，发了财，或是一切顺利，切忌在正失意的人面前谈论，如果不知道某人正在失意也就算了，如果知道，绝对不要开口。

但是失意者对你的怀恨不会立即显现出来，因为他无力显现，但他会透过各种方式来泄恨，例如说你坏话、扯你后腿、故意与你为敌，主要目的就是要看你得意到几时！而最明显的则是疏远你，避免和你碰面，以免再听到你的得意事，于是你不知不觉中就会失去了一个朋友！所以，得意时就少说话，而且态度要更加的谦卑。

失意人前，勿谈得意事。因为那只可能加重对方的落寞感，所以即使万事顺心，也要故意说些辛苦处给朋友听。

得意人前，勿谈失意事。因为得意人常不能体谅失意者的痛苦，所以即使有许多不如意，也要振作起精神。

失意时交的朋友，得意时常会失去。因为他觉得你高升了，不再是他的一伙，他不愿意高攀，也高攀不上，你无心的一言一行，都可能引起他自卑的敏感。

得意时得罪的朋友，失意时也难以挽回。因为他觉得你昔日气焰的消失，不是因为你变得谦和，而是因为走投无路，才回头搭老交情。昔日你不认他，他今天也不认你。

泰山不让土壤，故能成其高；海洋不择细流，故能就其深。人生在世，不可能事事如意，更何况人无完人，谁都有失意的时候，因此当你面对失意的人时，应学会宽容，并尽量体会对方的感受，千万不要好心办坏事，把本来应该淡化成一半的痛苦，变成了双倍的负担。

切莫口出恶语

生活中有人喜欢扯舌头，很让人讨厌。被击中痛处，对任何人来说，都不是令人愉快的事。不去提及他人弱点，才是待人应有的素质。

一般人即使在盛怒之下，通常也不会扩散愤怒的波纹，虽然其中也有人在激怒下拿起手边的玻璃杯往地上摔。但玻璃杯摔完了就没有其他东西可丢，所以充其量也只不过是自己损失几个杯子而已。可是，商场上或社会的现象又如何呢？某些人盛怒时那真是相当可怕的事情。平日相当友善的同伴，虽不至于大吼："杀掉那家伙！"但个人的立场和利害关系，至少也会演变成"封杀你"的结果。有些人为了公司的前途，不得不牺牲别人。对于商场来说，"封杀他"意味着调职、冷冻、开除等人事变动的宣告。如果你也是经商人士的话，"封杀你"就是代表对方的拒绝往来或"关系冻结"。这种商场上的"无情"是因为激烈的生存竞争和利益竞争。而在日常生活中，在人际关系处理上，盛怒和苛刻可以说有害无益。因为这种做法不仅是对积极性进取心的打击，也是对人不留情面、种下仇恨种子的愚蠢之举。

《呻吟语》中说："责人要含蓄。"意即在指责他人过失时，最好不要一次把心中想要说的话完全表达出来。这是从政治生涯中总结出来的名训。《菜根谭》中也有"攻人之恶，毋太严"的教训。

此外，《呻吟语》还具体地指出："指责他人之过，需要稍作保留。不要直接地攻讦，最好采用委婉暗示的譬喻，使对方自然地领悟，切忌露骨直言。"还接着说："即使是父子关系，有时挨了父亲的骂，也会无法忍受而顶嘴，更何况是别人呢？"父子有血缘关系，无论如何不能割舍，但朋友或其他熟人关系就不是这样了，过激的言辞很可能会断送友谊。

龙在温驯的时候，人可以骑在它的背上，如果你揭它咽喉下直径一尺左右逆生的鳞，它必定会吃掉你。如人与人之间的相互攻击，如果以对方有错为借口盛气凌人地叱责对方，使对方感到无地自容，那么你就应当小心了，因为对方总有一天会报这一箭之仇的。因此，即使应该叱责对方时，也要为其留一点余地。

与人争辩时也一样，以严密的辩论将对方驳倒固然令人高兴，但也未必非将对方批驳得体无完肤才行。因为只要略想就可知道，这样做其实是很愚蠢的，不但对自己毫无好处，甚至有时还会适得其反，得不到对方的认可，而且终究有一天会自食恶果，受到对方的攻击。当我们和他人发生摩擦时，首先要了解他的想法，然后在顾及对方颜面的前提下，陈述自己的意见，给对方留有余地。这一点在处理人际关系时必须记住。

中国人在识人方面，一向有独到眼光，尤其是那些正人君子。所谓“君子交绝不出恶声”。即在这个世界上，与人亲密地交往时，需诚意待人，纵使交恶断绝往来，也不可口出恶言，说对方的不是。这是因为：第一，倘若说了绝交者的坏话，等于承认自己识人不清。第二，说坏话诽谤他人，对方终究会有所耳闻。他也会将自己的怨恨一股脑发泄。须知，道人之短者，除了于自己名声不利外，是捞不到任何好处的。

搬弄是非之人 人皆厌之

俗话说“雁过留声，人过留名”，对多数人来说，名声是极其珍贵的东西。而在现实生活中，偏偏有些不懂事的年轻人喜欢诽谤和侮辱别人的名声，或者为了出气，或者为了达到自己不可告人的目的。他们不知道，不管出于什么目的，这都是极其下流的行为。

有一句话说得非常经典，那就是“诽谤别人，就像含血喷人，先污染了自己的嘴巴。”它的意思是说，诽谤别人的人，最终都不会有好下场。

喜欢诽谤别人的人，一个最基本的心态就是：我不能干，你也不能表现得比我能干。要是有人表现得比他们强，他们就会采取各种手段进行打压，千方百计把别人踩下去。这是典型的贬损他人，抬高自己。在这种人眼里，别人微不足道，甚至可以当面贬损，以显示自己的非比寻常。说起话来毫不客气，甚至上纲上线，让被贬损者颜面扫地。事实上，中国五千年来流行的中庸之道的文化中的“削尖拉平”思想在作祟。在这种不正常的观念影响下，常常是天才遭到扼杀，创新遭到限制。

另一种人是自命清高，出语伤人。这种人总是用“手电筒”加“放大镜”来照别人，抓住一点，不及其余，颐指气使，好为人师，说起话来措辞强硬，咄咄逼人，让只有招架之功，绝无还手之力。

还有的人，由于自己思想僵化，没有聪明的头脑，自己不仅没有什么建树，反而嫉妒别人的聪明才智，把人家的劳动成果，看成是别有用心，就是为了张扬自己，就是为了出风头。不仅不能够虚心向别人学习，反而到处诬陷诽谤别人，恰恰暴露了自己的虚荣心，甚至是不良居心。

还有一种人，他们的表现是没有修养，生活中谁都难免会求人或被人求，对于求助者，遭到拒绝是很悲惨的事情，但尖酸刻薄之人绝不会想到这一层，而是不加解释，断然回绝，出言不逊，这种人对于别人的伤害，往往无法弥补。

最可怕的是第五种人，这种人的可怕之处在于心胸狭窄，小仇大记，恶意报复。这种人常常是因为一点小事便对人怀恨在心，在别人完全不知情的情况下，他却早已“仇恨入心要发芽”，然后是苦思冥想，千方百计地寻找机会，设下圈套，必欲置之死地而后快。

还有一种人则多为女性了，她们的特点是挑剔、唠叨，古灵精怪。这没有丝毫贬损女性的意思，有人做过一个调查：一千五百个丈夫，几乎全部把妻子的挑剔唠叨、尖酸刻薄列为难以容忍的第一缺点。事实上，美国前总统林肯和文学大师托尔斯泰，其实都死在一天到晚唠叨不停挑剔不止的老婆身上。这些妻子大多具有支配欲，习惯对丈夫指手画脚，喝来斥去，轻视并耻笑丈夫做的每一件事。

诽谤了他人并不能提升你自己的威望，也不会由此发财，更不会由此得福。恰恰相反，被你诽谤的人会觉得你这个人过河拆桥，无中生有。你挖空心思把精力用到诽谤别人之事上，你自己的事业就会受影响。所以说，你损害他人的同时，也损害了你自己。

尖刻之人，未尝不自知上述的道理，但他们为什么还以伤人为快事呢，这就是变态心理在作怪了，这种变态不是先天形成的，而是后天形成的，用通俗的说法，就是环境的影响。

此人，要么从小娇生惯养，缺乏约束；要么从小生活环境恶劣，特别神经质；要么有心理疾患，以倾斜的眼光看世界。或惟我独大，或言行古怪，或行为怪癖。如果有谁不幸患了这尖酸刻薄的毛病，又不想去医治，结果就可能众叛亲离，在社会上，等着他的也只有失败，绝不会有成功。

喜欢诽谤别人的人，实际上自身极不自信。与他们相处时，应该多给一些赞美，多恭维，让他们觉得很舒服。自己有成绩时，不要洋洋自得，而要保持谦虚谨慎的心态；总结成功时，要多强调偶然因素或者别人的帮助；适当的时候，一些容易创造成绩的机会，可以让给喜欢妒忌的人，让他们也有成就感。但要注意一点，忍让应该有限度，不能过于卑躬屈膝。

喜欢诽谤的人，通常是心胸狭窄。与他们相处时，首先还是要多赞美，构筑一个轻松的环境，猜疑很大程度上和沟通不良有关。其次，对于一些中伤和猜忌，要有理有节地进行解释，据理力争。对于恶意的诽谤，如果用沟通的方式无法解决，就得寻求行政或司法等途径了。

不要以惯于诽谤他人而知名，不要精明于怎样损人利己，因为这并不困难，只需要付出遭人唾弃的代价。所有的人都会向你寻求报复，说你的坏话，并且由于你孤立无援而他们人多势众，你会很容易被打败。不要对别人幸灾乐祸，也不要多嘴多舌。一个搬弄是非的人会被人们深恶痛绝。他或许可以混迹在高尚的人群中，但他们只会把他作为一个笑料，而不是作为谨慎的榜样。说人坏话的人会听到别人说他的更不堪入耳的话。

善意奉劝年轻人们，收敛小人之心，定个适合于自己的人生目标，专心致意去奋斗，就会成功。别再犯浑了，人生是短暂的，精力是宝贵的，诽谤他人就是挖自己的墙根！

别忘了，当你用一个手指指着别人的时候，还有三个手指在指着你自己！

做一个静听者

听，也属于说话技巧之一，不会听的人不能说他会说话。我们说能说的人不一定会说，就是因为嘴上说个不停的人，往往忽略了听，搞不清对方的意图，自然说得再多也说不到点子上。甚至必要的时候，闭起嘴巴，只需竖起耳朵，反倒能起到说很多说都起不起的作用。所以说，听，实在是办事说话不能不好好学习的一门学问。

从人性的本质来看，每个人最关心的都是自己。要使别人喜欢你，那就做一个善于静听的人，鼓励别人多谈论自己。

乌顿在纽约的一家百货商店买了一套衣服。可这套衣服穿上却很令人失望：上衣褪色，把他的衬衫领子都弄黑了。不得已他又来到该商店，找卖给他衣服的店员，告诉她事情的情形。乌顿想诉说此事的经过，却被店员打断了。店员一再声称：他们已经卖出了数千套这种服装，乌顿是第一个来挑剔的人。正在乌顿和店员激烈争论的时候，另一个店员也加入了，他说所有黑色衣服都要褪一点颜色，并强调这种价钱的衣服就是如此。

当时，乌顿听到这些，简直气得冒火，店员不仅怀疑他的诚实，而且还暗示他买的是便宜货。乌顿恼怒起来，正要骂他们，正好经理走过来。他懂得他的职责，正是他使乌顿的态度完全改变了。

他先静静地听乌顿讲述了事情的经过。当乌顿说完时，店员们又开始插话表明他们的意见。而此时经理却站在乌顿的立场与他们辩论。他不仅指出乌顿的衬衣领子是明显地被衣服所污染，并坚持说，不能使人满意的东西就不应在店里出售。他承认自己不知衣服褪色的原因，并请乌顿提出他的要求。

就在几分钟前，乌顿还预备要店员留起那套可恶的衣服，但现在却决定听取经理的意见。经理建议乌顿再试穿一周，如果到时仍不满意，就来换，并向乌顿道歉。乌顿非常满意地走出了该商店，一周后这衣服没有毛病，乌顿对那商店的信任又完全恢复了。

请不要忘记在与你谈话的人，对他自己、他的需要、他的问题，比对你及你的问题要感兴趣千倍。正如《读者文摘》中所说："许多人之所以请医生，他们所要的只不过是一个静听者。"

林肯在美国最黑暗的内战时，写信给伊利洛斯的一位老友，邀他到华盛顿来，要与他讨论一些问题。这位老友应邀前来白宫，林肯同他讲了有关黑人的诸多问题。谈论数小时后，林肯与老友握手道别，并把他送回伊利洛斯，竟没有征求他的意见。数个小时的谈话中，几乎所有的话都是林肯在说，那好像是为了舒畅他的心境。谈话之后，林肯对老友说谈话之后他感到安适。这位老友事后说，当时他只是一个友善的、同情的静听者，他并没有为林肯做什么。

做一个静听者，那是我们在困难中都需要的，那常是愤怒的顾客所需要的，那也是一些不满意的雇员、感情受到伤害的朋友所需要的。

为了让自己成为受人敬爱的人，我们必须培养一种"设身处地"的能力，也就是抛开自己的立场置身于对方立场的能力。只要能够体恤对方的心情，同时积极地分享对方的心事，努力维持亲密而和谐的关系，并谈论些自然生动的话题，我们就能够成为受欢迎的人。

忌开“口头支票”

当同事或亲友托你办某事时，当上司委托你做某事时，请你一定不要不假思索地满口应承。至少也要冷静1分钟，在大脑中转一个圈子，考虑这件事自己能不能办得到、办得好。把自己的能力与事情的难易程度以及客观条件是否具备结合起来统筹考虑然后再把话说出口。

最好不要轻率地对朋友做出许诺，而是要三思而后行。尽量不说“这事没问题，包在我身上了”之类的话，给自己留一点余地。顺口的承诺，只是一条会勒紧自己脖子的绳索。

生活中有许多人都把握不了承诺的分寸，他们的承诺很轻率，不给自己留下丝毫的余地，结果使许下的诺言不能实现。

某高校一个系主任，向本系的青年教师许诺说，要让他们中三分之二的人评上中级职称。但当他向学校申报时，出了问题，学校不能给他那么多的名额。他据理力争，跑得腿酸，说得口干，还是不能解决问题。他又不愿意把情况告诉系里的教师，只对他们说：“放心，放心，我既然答应了，一定要做到。”

最后，职称评定情况公布了，众人大失所望，把他骂得一文不值。甚至有人当面指着他说：“主任，我的中级职称呢？你答应的呀！”而校领导也批评他是“本位主义”。从此，他既在系里信誉扫地，也在校领导跟前失去了好感。

事物总是发展变化的，你原来可以轻松地做到的事可能会因为时间的推移、环境的变化而有了一定的难度。如果你轻易承诺下来，会给自己以后的行动增加困难，对方因为你现在的承诺而导致将来的失望。所以，即使是自己能办的事，也不要轻易承诺，不然一旦遇上某种变故，让本来能办成的事没能办成，这样一来，你在别人眼里就成了一个言而无信的伪君子。对时间跨度较大的事情，可以采取延缓性承诺。

比如：有人要求老板给自己加薪，老板可以这么说：“要是年终结算，公司经济效益好，公司可以给你晋升一级工资。”用“年终结算”一语表示实现承诺时间的延缓，显得既留有余地，又入情入理。

对不是自己所能独立解决的问题，应采取隐含前提条件的承诺。

如果你所作的承诺，不能自己单独完成，还要求别人帮忙，那么你在承诺中可带一定的限制。

比如：你承诺帮朋友办理家属落户的问题，这涉及到公安部门和国家有关政策，你不妨这样说更恰当一点：“如果以后公安部门办理农转非户口，而且你的条件又符合有关政策，我一定帮忙。”这里就用“公安部门办理”、“符合有关政策”等对承诺的内容作了必要的限制，既见自己的诚意，又话语灵活，具有分寸，还向对方暗示了自己的难处(也要求别人)，真是一石三鸟。

为人处事，应当讲究言而有信，行而有果。因此，承诺不可随意为之，信口开河。明智者事先会充分地估计客观条件，尽可能不做那些没有把握的承诺。

须知，有了承诺，就应该努力做到，千万不要乱开“空头支票”，不然不仅伤害了对方，还会毁坏自己的声誉，使你在社会上难有立足之处。

巧言 化危机

语言是人与人之间沟通的桥梁和纽带，运用得当可以春风化雨，使用不当则会激化矛盾，诚所谓一言兴邦，一言丧邦。

在生活中，经常会遇到一些危机，危机有大有小，小的是尴尬，大的叫危机，尴尬如果不及时消除，很可能就演变成危机、酿出祸患。如何消除尴尬和危机，就成了一个不容忽视的问题了。

在有些尴尬的场合，运用自嘲能使自尊心受到保护，而且还能体现出说话者宽广大度的胸怀。

丘吉尔有个习惯，一天之中无论什么时候只要一停止工作，他就爬进热气腾腾的浴缸中去泡一泡，然后就光着身子在浴室里来回地踱步，一边思考问题，一边让身体放松放松，有时甚至会入迷。

有一次，丘吉尔率领英国代表团到美国去进行国事访问，他们受到热情款待。为了方便两国领导人的交流、沟通，组织者专门让丘吉尔下榻在白宫，与美国总统罗斯福做近距离接触。

一天，丘吉尔又像往常一样泡在浴缸里，尔后光着身子在浴室里踱步。当时，世界反法西斯战争进行得如火如荼。丘吉尔在思考着战场上的形势，以及如何同美国联手对付德国法西斯。想着，想着，他已经忘了自己在什么地方，而且还是光着身子，碰巧，这时罗斯福有事来找丘吉尔，发现屋里没人。罗斯福刚欲离去，听见浴室里有水响，便过来敲浴室的门。

丘吉尔正在聚精会神地考虑问题，听见有人敲门，本能地说了一句："进来吧，进来吧。"

门打开了，美国总统罗斯福出现在门口。罗斯福看到丘吉尔一丝不挂，十分地尴尬，进也不是，退也不是，索性一言不发地站在门口。

此时，丘吉尔也清醒了。他看了看自己，又看了看罗斯福，急中生智地说道："进来吧！总统先生。大不列颠的首相是没有什么东西可对美国的总统隐瞒的！"说罢，这两位世界知名人物都不约而同地哈哈大笑起来。

这种尴尬的场合，恰当地运用自嘲可以平添许多风采。当然，自嘲要避免采取玩世不恭的态度。具有积极因素的自嘲包含着自嘲者强烈的自尊、自爱。自嘲实质上是当事人采取的一种貌似消极，实为积极的促使交谈向好的方向转化的手段而已。

而很多尴尬的场面就远没有这样轻松了，不但自己不舒服，别人也同样很不痛快，结果气氛凝滞，陷入僵局。造成尴尬局面的原因有很多：时间、场合不适合、交往对象不熟悉……当发现尴尬情况出现时，就该想法将其化解掉，但很多人都会觉得要做到这一点，却是很不容易的。

遇到尴尬的境况之所以难以解决，是因为每个人都固执己见，各有各的想法。越坚持自己的想法，就越不容易解决问题。试试站在对方的角度说话，没准会很轻松地解决问题。

在这方面，人际关系大师卡耐基堪称高手。

卡耐基每季都要在纽约的某家大旅馆租用大礼堂20个晚上，用以讲授社交训练课程。

有一个季度，卡耐基刚开始授课时，忽然接到通知，房主要他付比原来多3倍的租金。而得到这个消息之前，入场券已经印好，而且早已发出去了，其他准备开课的事宜也都已办妥。

很自然，卡耐基要去交涉。怎样才能交涉成功呢？两天以后，卡耐基去找经理。

"我接到你们的通知时，有点震惊。"卡耐基说，"不过这不怪你。假如我处在你的位置，或许也会写出同样的通知。你是这家旅馆的经理，你的责任是让旅馆尽可能地多盈利。你不这么做的话，你的经理职位难以保住，也不应该保得住。假如你坚持要增加租金，那么让我们来分析一下，这样对你有利还是不利。”

“先讲有利的一面。”卡耐基说，“大礼堂不出租给讲课的而是出租给举办舞会、晚会的，那你可以获大利了。因为举行这一类活动的时间不长，他们能一次付出很高的租金，比我这租金当然要多得多。租给我，显然你吃大亏了。”

“现在，来考虑一下不利的一面。首先，你增加我的租金，却是降低了收入。因为实际上等于你把我撵跑了。由于我付不起你所要的租金，我势必再找别的地方举办训练班。”

“还有一件对你不利的事实。这个训练班将吸引成千上万的有文化、受过教育的中上层管理人员到你的旅馆来听课，对你来说，这难道不是起了不花钱的活广告作用了吗？事实上，假如你花5000元钱在报纸上登广告，你也不可能邀请到这么多人亲自到你的旅馆来参观，可我的训练班给你邀请来了，这难道不合算吗？”

讲完后，卡耐基告辞了：“请仔细考虑后再答复我。”当然，最后经理让步了。

在卡耐基获得成功的过程中，没有谈到一句关于他要什么的话，他是站在对方的角度想问题的。

不妨想想另一种情形，如果卡耐基气势汹汹地跑进经理办公室，提高嗓门叫道：“你这是什么意思？你知道我把入场券印好了，而且都已发出，开课的准备也已全部就绪了，你却要增加300%的租金，你不是存心整人吗？！”

想想，那该又是怎样的局面呢？你会想象的到争吵的必然结果，即使卡耐基能够辩得过旅馆经理，对方的自尊心也很难使他认错并收回原意，即使仅仅是为了维护面子，也会坚持已经说出口的话。

有一天，美国哲学家、诗人爱默生同他的儿子一起想把一匹小牛赶进牛栏。但他们犯了一个错误，他们只想到自己的愿望，爱默生在后面推小牛，他的儿子在前面拽小牛。但小牛也有自己的愿望，它把两只前蹄撑在地上，执拗着不照他们父子的愿望行动。他们家的爱尔兰籍女佣见到这种情景，不由得笑着来帮助他们。她刚才在厨房干活，手指头上有盐的味道，于是她像母牛喂奶似的，把有咸味的手指伸进小牛的嘴里，让它吮着走进了牛栏。

动物尚且有自己的愿望，更何况人呢？不了解对方的意愿，光想自己认为怎么样就该怎么样，难免会导致谈话的失败。

同样的要求，用不同的语气，以不同的角度说出来，结果可能会有天壤之别。你如果要劝说一个人做某件事，在开口之前，一定要先问问自己："我怎么样才能使他愿意去做这件事呢？"

记住别人的名字

在与对方见面的时候能够直接称呼对方的姓名，不但会使这个名字更加有印象，而且还能拉近双方之间的距离。

遇到自己感兴趣的人你不妨直呼他的名字，说点无伤大雅的笑话，讲点轻松的小故事，营造一种轻松和谐的气氛，为下一次的见面做好铺垫。如果你能在下一次见面时准确无误地叫出对方的名字，那么你会受到更多的欢迎。因为名字是构成身份与自尊的重要一环，而每个人都有一种自尊感，大多数人相信，记得自己名字的人，一定是尊敬自己的人。对于这样的人，他们也会同样报以最大的热情。

名字对于每一个人来讲都十分重要，因为这是他们所拥有的一笔“巨大的财富”，名字常常与荣誉连在一起。

有钱人常常出钱资助那些穷困的作家、艺术家和音乐家。他们希望这些文艺家能够把作品献给他们，使他们的名字随着这些作品得以流传。在我们的图书馆和博物馆里，最有价值的艺术品往往由那些希望人们记住他们名字的有钱人捐赠。比如，纽约图书馆里有埃斯德家族与里洛克家族的藏书，大都会博物馆则保存着本杰明·埃特曼与J.P.摩根德的签名书信，而几乎每一个教堂里都镶嵌上了彩色玻璃，用来纪念那些捐赠者。

这说明人们总是非常重视自己的名字，并希望别人能够记住。如果想要给人好感，最简单、最明显而又最重要的方式，莫过于能够随口喊出对方的名字。因为这样，你就给了别人受重视的感觉，每个人都希望拥有这种感觉。这种方法可以说是屡试不爽。

得克萨斯州商业股份有限公司董事长班顿拉夫有这样的感触：公司越大，人们之间的关系就会越冷漠。他认为，记住别人的名字，是唯一能使公司氛围变得融洽的办法。

洛克帕罗是加利福尼亚州一家航空公司的服务员，她经常训练自己记住旅客的名字，并注意在服务时叫他们的名字，这使得旅客感到很亲切。有的旅客会当面表扬她，而有的则会写信到公司表扬她。有一封表扬信这样写道：“我很久没有坐你们公司的飞机了。但是从现在开始，我决定以后只坐你们公司的飞机。你们亲切的服务让我觉得你们公司似乎是属于我个人的，这一点十分重要。”

大多数人常常不记得别人的名字，原因多数是他们没有注意到这件事情的重要性。现在，你既然已经知道记住别人的名字有多么重要，为什么还不花点时间和精力去做这件事情呢?

拿破仑的侄子——拿破仑三世曾经说：“虽然我很忙，但是我不会忘记所听过的每个人的姓名。”

这不是因为他的记忆力很强，而是因为他的方法非常好。其实，他的方法十分简单。如果他没有听清楚对方的名字，他就会请求对方再说一遍；如果这个名字不常见的话，他会请求对方把这个名字拼写出来。而在谈话的过程中，他会将对方的名字反复记忆，并把它跟其长相、外表和其他特征结合起来。会见完的时候，他通常会把那个名字写下来，然后盯着它看很久，直到确认自己已经牢牢地记住了它才肯罢休。这样一来，当然记得很牢了。

这样看来，记住别人的名字的确需要花一些工夫，但是这显然是值得的。爱默生说过：“礼貌，是由小小的牺牲换来的。”如果你打算融入这个社会，成为交际场上成功的人，这点牺牲又算得了什么呢?

除了要记住对方的名字，记住他引以为自豪的得意之举，也同样重要，如果能够成功地把那些对方自豪的事转换成话题，将会收到意想不到的效果。

有人认为，人不过是历史的符号，同时在每个人成长发展的历史过程中又满载着历史记录，其中不乏自己引以为荣的事情。对这些引以为荣的事情，每个人都渴望得到别人较高的评价，如果能够得到衷心地肯定和赞美，更是让人高兴和自豪的事。

了解一个人引以为荣的事情其实很简单。如果是经常接触的人，他的言谈之中常常会流露出一些线索，对于陌生人，则可以从他的职业，所处环境及历史年代大体判断其引以为荣的事情的范围。

真诚地赞美一个人引以为荣的事情，可以使你更好地与对方相处。可以使他更容易接受你的建议，从而改正自己的一些错误行为，让我们来看一个通过赞美过去而劝谏的例子。

楚汉战争的结果是刘邦打败了项羽，刘邦心里自然很骄傲，常常问他的大臣们自己为什么能打败项羽之类的问题，大臣们都非常了解刘邦“胜者为王”的心理，于是都对他赞美不已，刘邦逐渐产生了自满情绪，执政的积极性慢慢懈怠下来。一次，刘邦生病后整日躺在宫中，下令不见任何人，不理朝政。周勃、灌婴等许多跟随他征战多年的元勋也都找不到劝说的办法。大将樊哙想出了个办法，闯进宫中进谏，他掷地有声地先对刘邦的过去进行了一番赞美：“想当初，陛下和我们起兵于沛定天下之时，何等英雄壮志！上下团结，同甘共苦，打败了项羽，建立了汉朝社稷大业。”几句话激起了刘邦对辉煌历史的自豪之情，然后樊哙话锋一转：“现在天下初定，百废待兴，陛下竟这般精神颓废，大臣们都为陛下生病惶恐不安，陛下却不见大臣，不理朝政，而独与太监亲近，难道就不记得赵高祸国的教训吗？”

樊哙先是称赞了刘邦征战时的辉煌战绩和勤政作用。而后又巧妙批评了当时刘邦的颓废和懈怠，赞扬与批评相结合。一席肺腑之言，终于震醒了刘邦。此后，刘邦专心朝政，休养生息，汉朝终于呈现出一片兴旺发达景象。

樊哙正是通过称赞刘邦引以为荣的历史进行劝谏，终于达到了说服刘邦勤政的目的。

称赞一个人引以为荣的事情必须注意三点：其一，赞美的话语表达要准确，不能偏离事实。其二，赞美必须是由衷的，发自肺腑的言语，不要夸张。其三，赞美之时要专注，让被赞美者感到你有分享其光荣和快乐的心情。

是非面前，不妨静观其变

掺和是非，在某种程度上几乎就等于一个士兵在战壕之中，抓耳挠腮地按捺不住，时不时地探身而出，或者干脆跳出战壕，想要有所“作为”，而不管外面是否是炮火连天，子弹乱飞。这么一来，显然“挂彩”的几率要大大升高，弄不好甚至连命也难保住。

在现实生活中，掺和是非的后果虽然没有这么严重，但也不亚于卷入了一场劳心伤神的人际“战争”。倘若不是有这方面的嗜好，奉劝你在任何生活或工作环境之中，都尽量置身于各种花样的是非之外，否则，一旦卷入，身心各方面都会被持续消耗，有害无益。

例如，某公司李某荣升为办公室主任。同一间办公室坐了几年的同事忽然升迁了高位，对每个人来说都是一个刺激与震动。平日不分高下，暗中竞争的同事成了自己的上司，其他几个同事背后嘀嘀咕咕，一百个不服气与嫉妒就都脱口而出了。于是你一句我一句，把李某数落得一无是处。小张大学毕业分配到办公室，见大家说得激动，也毫无顾忌地说了些李某的缺点，如办事拖拉，疑心太重等，他说的都是事实。可也偏有一个阳奉阴违的同事，背后比谁骂得都厉害，当面又比谁都会趋炎附势。第二天他把办公室的议论转达给李某，李某想：别人说我可以谅解，你小张有什么资格说我？从此对小张很冷淡。小张对工作一腔热情可是得不到重用，还经常受到李某的指责和刁难。

好谈他人短处的人，最易刺伤他人的自尊心，打击人家某方面的积极性，还会引起他人的厌恶；不小心谈到别人短处的人，虽无意刺伤他人，但易引起别人的误解与不满，反过来，当然也会给自己带来麻烦和暗中的报复。由此可见，我们在与他人的交往中，应尽量避免掺和是非，尤其要避免谈论别人的短处。

如果别人向我们谈起某人的短处，我们该何以应对呢？最好的办法是听了便罢，不要深信这种传言，不必将此记在心中，更不可做传声筒，传播流言蜚语。因为这种做法，可能也就使你在不知不觉中，成了令人厌烦的流言制造者和传播者。你可以设想一下，在从前，你对于那些爱搬弄是非、爱制造流言蜚语的人印象如何？难道不是觉得他们面目可憎，不可理喻吗？而他们所得到的“待遇”，不也正是时刻被人提防、冷眼以对乃至被以牙还牙吗？可如今你竟然也成了这种人，岂不是在拿自己开一个极端荒谬的玩笑？

最近某市对上班族进行了一次抽样调查，竟然获得了一些使人啼笑皆非，又颇值得我们深思的结果。其中当被问到“什么是吸引你每天上班的理由”时，竟有相当一部分人在“不上班，就听不到许多小道消息、谣言、流言、传言和谗言”之后打了勾。

的确，在我们这个世界上，始终有许多人喜欢传播一些可疑的谣言。在一个复杂而忙碌的工作中，流言蜚语、小道消息似乎永远是少不了的。

传播伤害他人的流言，有时是出于嫉妒、恶意，有时是为了借揭示别人不知道的秘密来抬高自己的身价，这些都是极令人厌恶的事情。一旦发现自己想要说些不利于他人的话时，我们就应该立刻闭嘴。要知道，“己所不欲，勿施于人。”

“名誉是一个人的第二生命”，没有了名誉，以后就无法正正当当地待人处事。被流言蜚语影响，乃至毁掉了名誉的人自然悲愤、痛苦，而那些以损害别人好名声为乐，经常传播谣言的人，在他毁人名誉的同时，也毁了自己的名誉，却还不自知。领导和同事也许还会听他津津乐道地说别人的短长，可是也许内心深处早已充满了轻视和鄙夷。久而久之，就再也没有人轻易相信他说的话了，哪怕那是真话，这又何尝不是自毁前程、得不偿失？这些仁兄们最喜好的是玩“阴”的，他们从不拿工作或业绩表现来正面交锋，也没什么真枪实弹，真材实料，而是运用各种谩骂、造谣使对方为流言所伤，这正是“暗箭伤人”的最好写照。

有人用这样几句话来描述组织中流言的性质：“言者捕风捉影，信口开河；传者人云亦云，添油加醋；闻者半信半疑，真假难辨；被害者莫名其妙，有口难辩。”也惟有组织中的全体成员互相信任与合作，人人做“智者”，才能破解这种恶性循环。

但无论如何，任何人听到关于自己的流言，心中都会极为愤慨，有些人甚至会径直去找“好事者”大吵一架而后快。这样的结果，通常是两败俱伤。那个制造流言、搬弄是非的人，到底从中得到了什么？答案很明显，除了烦恼和被人报复的伤痛感，他一无所得。这实在不是一个聪明人应做的事。

人一旦掺和到那种众人瞩目的是非中，有时就像卷入了一场旷日持久、却根本不会有赢家的消耗战中，这对于任何人，都必然是一种伤害。既然如此，我们应首先保证自己绝不成为“战争”的“肇事者”；而当“硝烟”在自己身边升腾起来时，也最好保持镇定，在自己的战壕里坚守不出，甚至不妨“龟缩”起来。这么一来，不仅不会主动惹火烧身，而且连那故意针对你所泼的污水，也丝毫不会溅湿你的衣裳与鞋子。

在是非面前，我们不妨学学乌龟的做法：每当遇到危险和无法判断的情况时，乌龟不是慌不择路的乱跑，而是把头和四肢紧紧地蜷缩到壳里面，躲在里面静观其变，一旦判明了情况后，就果断地作出决定，或反击，或逃跑。它这么做，不但没有人笑话，反而，大家都在像乌龟学习，学习它们的长寿。

含蓄的说话艺术

在与人交往的过程中适当地运用含糊语言，也是一种必不可少的艺术。办事的时候更是需要语词的模糊性，这听起来似乎是很奇怪的。但是，假如我们通过约定的方法完全消除了词语的模糊性，那么，就会使我们的语言变得十分贫乏，使它的交际和表达的作用受到限制。

在碰到一些不便直接回答但又不能不回答、一时无法回答但又必须回答的问题时，如果运用精确的语言往往表达不了我们的思想感情，此时模糊应对便派上了大用场。

阿根廷著名的足球运动员迪戈·马拉多纳在与英格兰球队相遇时，踢进的第一球，是“颇有争议”的“问题球”。据说墨西哥一位记者曾拍下了“用手拍球”的镜头。

当记者问马拉多纳，那个球是手球还是头球时，马拉多纳机敏地回答说：“手球一半是迪戈的，头球有一半是马拉多纳的。”

马拉多纳的回答颇具心计，倘若他直言不讳地承认“确系如此”，那么对裁判的有效判决无疑是“恩将仇报”。但如果不承认，又有失“世界最佳球员”的风度。而这妙不可言的“一半”与“一半”，等于既承认了球是手臂撞入的，颇有“明人不做暗事”的大将气概，又在规则上肯定了裁判的权威，亦具有君子风度。

模糊应答以收缩性大、变通性强、语义不明确的词语，回答一些不能直接回答又必须回答的问题，从而化解矛盾，摆脱被动的局面。

晚饭后，几位青年人去拜访某教授。谈到夜深，教授接这青年人的话题说：“你提的这个问题很值得研究，明天早上我要去A城参加一个学术会，准备就这个问题找几位专家一块聊聊。”几位青年立刻起身告辞：“很抱歉，不知道您明天还要出差，耽误您休息了。”

在这里，教授就是用含蓄的语言委婉地暗示时间不早了，明天自己还要起早这层意思，如果几个青年一听说教授明天要开学术会而继续就该问题探讨下去，就显得失礼了。

中国是一个历史悠久的文明古国，素称“礼仪之邦”，具有文明礼貌的社交风尚。人们在言语交际中，十分注意话语的适切、得体。私人场合、知己朋友，说话可以直来直去，即使说错了，也无伤大雅。在公共场合，对一般关系的人，特别是晚辈对长辈，下级对上级，对待外宾，说话就要特别讲究方式、分寸。为了不失礼仪，说话就常需要使用一些模糊语言。

含蓄是说话的艺术，是因为它体现了说话者驾驭语言的技巧，而且也表现了对听众想象力和理解力的信任。如果说话者不相信听众丰富的想象力，把所有意思全盘托出，这种词意浅陋，平淡无味的语言会使话语逊色，甚至使人生畏。

在必要的时候为自己找一个美丽的借口，换一种说法，促使说话获得良好的效果，这将是你明智的选择。

有时糊涂是种大智

一家星级宾馆招聘男性客房服务人员，经理给应聘者出了一道题目：

“假如你无意间把房间推开，看见一位女客一丝不挂地在沐浴，而她也看见你了，这时候你该怎么办？”

第一位答：“说声‘对不起’，就关门退出。”

第二位答：“说声‘对不起，小姐’，就关门退出。”

第三位答：“说声‘对不起，先生’，就关门退出。”

结果第三位应聘者被录取了。为什么呢？前两位的回答都让客人有了解不开的尴尬心结，惟有第三位的回答很巧妙。他妙就妙在假装没看清，故作痴呆，既保全了客人的面子，又使双方摆脱了尴尬。

假糊涂，就是真聪明。聪明的人在应对别人的激烈言辞时，为了平息事端，减少麻烦，使彼此不再较真，使矛盾不再激化，会采用假糊涂的策略应对。如果事事都做到眼里揉不得沙子，那么就可能会把事情搅得不好收场，或者使事情难以朝好的方向发展。所以，该糊涂时就要装糊涂。

当面临对手用强烈言辞刁难时，可以糊涂地应付过去。这样既可以平息对方的气焰，让对方的言辞或行为就像打在棉花上，失去了原来的效力，也可以化解紧张气氛，让形势对自己有利。

第一次世界大战后，土耳其获得独立。英国伙同法、意、俄等国，在洛桑与土耳其谈判，企图继续奴役土耳其，迫使土耳其签订不平等条约。土耳其代表伊斯美外长提出本国条件时，一下子触怒了英国外相，他咆哮如雷，挥拳吼叫，恫吓加威胁，其他列强也都助纣为虐。

伊斯美一声不吭，等英国外相喊完了，他才不慌不忙地张开右手靠在耳边，把身子移向英国代表十分温和地说："阁下，你刚才说什么，我还没有听清楚呢！"装聋作哑，使对方的恫吓毫无价值。

所以，有些事情，你非要硬去较真，就会愈加麻烦，相反你若装痴作聋，来个装糊涂，也许会有满意的结果。

装糊涂在与人交往中有很重要的意义。心胸开阔些，宽容大度些，也就大事化小，小事化了了。如果发生意见不一致，争论一阵，见不出高低，便不必再争论了。话说的过于明白真实，反而会让紧张的气氛加剧。如果能够说得含糊一点，反而会起到更好的效果。没有多少原则性的大是大非，何必非争个清楚明白呢？你知道自己的意见正确，对方同样认为自己正确，这样，就应当装糊涂，让争论赶紧结束。因为在争论之后，十有八九，各人还是会坚持自己的观点，相信自己是绝对正确的。

在这方面，卡耐基有着深刻的教训：

一天晚上，卡耐基参加了一个宴会。在座的一位来宾给大家讲了一段诙谐的故事，并在讲话中引用了一句话。他指出这句话出自《圣经》，而卡耐基恰好知道这句话出自莎士比亚的作品。那时候，为了显得自己有多么渊博，他就毫无顾忌地纠正了那个客人的错误。然而那人却说："什么？那句话出自莎士比亚？不可能，绝对不可能。"他坚持认为自己是对的。

当时，坐在卡耐基左边的是他的老朋友加蒙，那是一个研究莎士比亚的专家。于是他们就让加蒙来决定孰是孰非。加蒙不动声色地在桌子底下踢了卡耐基一脚，然后说："卡耐基，你是错的，这句话的确出自《圣经》。"

在回家的路上，加蒙对卡耐基说："你说的没错，那确实是出自莎士比亚的《哈姆雷特》第五幕第二场中的台词，但这不重要，重要的是我们都是这个宴会的客人，为什么我们一定要找出一个证据，去指责别人的错误呢？你这样做会让别人对你产生好感吗？你为什么不能给他留一点点面子呢？他并不想征求你的意见，也不想知道你有什么看法，你又何必去跟他争辩呢？记住这一点，卡耐基：永远不要跟他人发生正面冲突。这是一个真理。"

“永远不要和他人发生正面冲突。”说这句话的人现在已经不在这个世界上了，可是他说过的这句话却值得我们永远记住。

面子问题是个大问题，尤其是在中国这样的国家。遭遇尴尬以后，即使装作不介意，心里也有个很难解开的疙瘩。所以，说一句“痴”话，故作不知，是让当事人释怀、化解尴尬的最好方法。正如卡耐基曾经说过的：“往往有这样的人，他们知道别人出了洋相，就主动地去安慰和纠正人家，还自以为别人会非常喜欢这种方式，会用感激的目光看着他。其实别人最希望的，还是你不知道他出了洋相，没有嘲讽，也没有安慰。”

成功与人脉脱不开关系

7

成功有很多潜规则，很多时候，有能力的人不一定混得好。事实证明，那些混得好的人往往是人脉四通八达的人。无论是商场还是职场，要想出人头地，人脉都起着至关重要的作用。初入社会的年轻人一定要记住这一点：要想混得好，三分靠能耐，七分靠人脉。

人脉即是财脉

很多人都认为搞关系、“走后门”是很普遍的。其实，事实并非如此。无论在哪里，只要有人群存在，办事就离不开人脉。

世界一流人脉资源专家哈维·麦凯从大学毕业那天起就开始找工作。当时的大学毕业生很少，他自以为可以找到最好的工作，结果却并不尽如人意。好在哈维·麦凯的父亲是位记者，认识一些政商两界的重要人物，其中有一位叫查理·沃德。查理·沃德是布朗比格罗公司的董事长，他的公司是全世界最大的月历卡片制造公司。4年前，沃德因税务问题而服刑。哈维·麦凯的父亲觉得沃德的逃税一案有些失实，于是赴监狱采访沃德，写了一些公正的报道。沃德非常喜欢那些文章，他几乎落泪地说，在许多不实的报道之后，哈维·麦凯的父亲终于写出了公正的报道。

出狱后，他问哈维·麦凯的父亲是否有儿子。

“有一个在上大学。”哈维·麦凯的父亲说。

“何时毕业？”沃德问。

“正在找工作，他刚毕业。”

“噢，那正好，如果他愿意，叫他来找我。”沃德说。

第二天，哈维·麦凯打电话到沃德办公室，开始，秘书不让见，后来提到他父亲的名字3次，才得到跟沃德通话的机会。

沃德说：“你明天上午10点钟直接到我办公室面谈吧！”第二天，哈维·麦凯如约而至。不想招聘会变成了聊天，沃德兴致勃勃地聊起哈维·麦凯的父亲的那一段狱中采访。整个过程非常轻松愉快。聊了一会儿之后，他说：“我想派你到我们的‘金矿’工作，就在对街——‘品园信封公司’。”

在街上闲晃了一个月的哈维·麦凯，现在站在铺着地毯、装饰得金碧辉煌的办公室内，不但顷刻间有了一份工作，而且还是在“金矿”工作。所谓“金矿”是指薪水和福利最好的单位。那不仅是一份工作，更是一份事业。哈维·麦凯在品园信封公司工作当中，熟悉了经营信封业的流程，懂得了操作模式，学会了推销的技巧，积累了大量的人脉资源。这些人脉成了哈维·麦凯成就事业的关键。42年后，哈维·麦凯成为全美著名的信封公司——麦凯信封公司的老板。他说：“感谢沃德，是他给我的工作，是他创造了我的事业。”当然，这也正是哈维·麦凯利用人脉得了一个好机会。

即使是比尔·盖茨，也是充分利用人脉而走向成功的。

很多人只知道比尔·盖茨为世界首富的原因，是因为他掌握了世界的大趋势，还有他在电脑上的智慧和执着。其实，比尔·盖茨之所以成功，除了这些原因之外，还有一个重要的原因是比尔·盖茨的人际资源相当丰富。

比尔·盖茨创立微软公司的时候，只是一个无名小卒，但是在他20岁的时候，已经签到了一份大单，后来就越做越大。这与他充分利用人脉是分不开的。

让我们来领略一下比尔·盖茨的人脉法则。

1. 利用自己亲人的人脉资源

比尔·盖茨20岁时签到了第一份合约，这份合约是跟当时全世界第一强电脑公司——IBM签的。当时，他还是一位在大学读书的学生，没有太多的人脉资源。比尔·盖茨之所以可以签到这份合约，中间有一个中介人——比尔·盖茨的母亲。比尔·盖茨的母亲是IBM的董事会董事，妈妈介绍儿子认识董事长，这不是很理所当然的事情吗？假如当初比尔·盖茨没有签到IBM这个单，相信他今天也许不可能拥有几百亿美元的个人资产。

2. 利用合作伙伴的人脉资源

大家知道比尔·盖茨最重要的合伙人——保罗·艾伦及史蒂芬。他们不仅为微软贡献他们的聪明才智，也贡献他们的人脉资源。

3. 发展国外的朋友

比尔·盖茨重视结交有实力的外国朋友，让他们去调查国外的市场，以及开拓国外市场。比如，他有一个非常好的日本朋友名叫彦西，他为比尔·盖茨讲解了很多日本市场的特点，为比尔·盖茨找到了第一个日本个人电脑项目，以此来开辟日本市场。

仅仅从这几点，我们就可以看出，比尔·盖茨的成功与他善于利用自己的人际关系是分不开的。

人脉在社会生活中起着非常重要的作用，可是年轻人往往因初入社会，并不善于处理人际关系。很多年轻人说在社会上过日子很累，其实累就累在“人际”上，有些年轻人甚至对“人际”畏惧三分。这种畏惧心理很可能是多年积累的结果，虽然很难在短时间内改变，可是你还应鼓足勇气，以积极的态度去面对别人。平时多观察别人是如何交流和沟通的，然后你至少可以学着他们的样子谈论一些让别人感兴趣的话题。不要认为这是讨好别人的表现。事实上，如果是你一个人的时候，你孤傲也好，清高也罢，喜欢独处是你自己的事情，别人无权干涉你。可是在人群中，你不得不和别人打交道。所以你必须学会改变自己，尝试主动和别人多交流沟通，最大限度地求同存异，尽可能拥有一个良好的人际网。这样不但有利于提高你的好人缘，也有利于你个人的才能得到尽情地发挥。做到和别人打成一片并不难，只要你表现得真诚、友善，适时地帮助别人。

俗话说：“有付出才有回报，天下没有免费的午餐。”与其等着别人来帮助自己，不如先主动去帮助他人，这样在你需要帮助的时候，贵人才有可能出现。要拿朋友的事情当成自己的事情，在你需要帮助的时候，朋友才会拿你的事情当成自己的事情。没有人帮忙和支持，即使有天大的本事，遇到难题有时还是过不去那个坎的。

真正精明的人不但重视人脉，甚至连竞争对手都敢培养，试想，即使这类竞争对手真成了事，靠的也是良性竞争，而非耍什么手段。而且即使双方真竞争到桌面上，又有几个不对前辈礼让的呢？一个人的力量毕竟是有限的，哪怕有三头六臂，又办得了多少事？要成大事，要靠和衷共济。只要有朋友有人脉，你就能拥有一切。

好人缘助你在竞争中胜出

想在现代社会里生存、发展就必须具有较强的竞争力。竞争力是一个综合性的指标，它不仅指才能、素质等方面条件，还与一个人的人脉有重要关联。有好的人际关系，做事时就会得到众人的支持，在竞争中就会处于优势地位。而人脉不广的话，在你困难的时候就得不到足够的帮助，甚至还有人会跳出来踩你两脚，这样一来，在竞争中你就会居于劣势。

浙江的白先生经营着一家制鞋厂，他主要是做出口生意，很少内销。白先生常说："眼睛只盯着钱的人做不成大买卖。买卖中也有人情在，抓住了这个人情，做买卖也就成功了一半。"白先生对此是深有体会的。1992年，白先生的皮鞋厂还是一个只有几十个工人的小厂，凭着质优价廉勉强在国际市场上混口饭吃。有一次一个法国客商订了50双皮鞋，白先生按对方的要求包装完毕后运到码头准备发货，就在这时，这个法国客商却突然打来电话，请求退货，原因是由于该客商对当地市场估计错误，这批货到法国后将很难销售。退货的要求是毫无道理的，白先生大可一口拒绝对方，反正合同都已经签订了，但经过一天的考虑后，白先生却决定答应对方的退货请求，因为对方答应支付包装运输等一切费用，这批鞋由于是外贸产品，在国内市场上应该可以销售得出去，所以白先生等于毫无损失。而最大的好处是他这样做等于是救了法国客商，双方将建立良好的合作关系。事情果然如白先生所料，法国客商非常感激白先生的大度，表示以后在同类产品中将优先考虑白先生的产品，他还不断向自己的朋友夸奖白先生，为白先生介绍了很多生意。就这样，白先生以他富有人情味的生意经成功地在国际市场站稳了脚。二三年内，白先生的工厂不断扩建，有五百多名工人为他工作，他的生意越做越大了。

白先生是非常聪明的，他清楚地认识到人脉系对做生意的重要性。如果当时他拒绝了法国客商的退货，那么虽然他做成了一单生意，但却会失去这个客户。而答应了退货要求呢，表面上看他是吃了点亏，但他却交到了一个朋友，孰多孰少，明眼人一看就知道。

在生活，人脉也可以为一个人的成功加上筹码，让你在竞争中轻松得胜。

某单位要在年轻工作人员中提拔一位办公室主任，各方面条件都比较符合的人选有两个：张欣和甄东。总体来看张欣的条件还要比甄东好一些，不过甄东也有他的优势：人缘好。张欣外号叫做“不求人”，总是表现得志得意满，一副谁也用不着的样子，因此在单位里，很少有人和他来往。甄东却正好和他相反，他待人热心，同事们遇到什么事，只要喊一声“小东”，他马上就乐呵呵地跑过来，这样一来，单位里的人都和他关系不错。这个办公室主任的职位，两人都很看重，明里暗里较起劲儿来。张欣知道自己人缘不好，于是就想在领导那里打开门路，没想到适得其反，送给领导的礼物被推了出来，还惹恼了领导。最后领导决定用投票的形式来推举，结果甄东得到三十一票，高票当选，张欣却只得到了可怜的两票。

张欣的悲哀在于，他没有认识到人脉的重要性，平时不烧香，等到需要用人时再去求已经太晚了，本来他的条件要比甄东好，但因为人缘太差，结果在竞争中一败涂地，所以，张欣应该认真反省一下自己在人际关系方面的做法，否则今后再有类似的竞争，他也很难取胜。

现代社会，人脉给我们个人发展带来的影响越来越大，所以，我们除了要努力打磨自己的才能外，还要注意搞好人际关系，让自己有个好人缘，这样才能适应日益激烈的竞争，并在竞争中取胜。

广泛的人脉更容易让你走向成功

生活中，一个人如果能处理好自己的人际关系、拥有更多的人脉资源，那么他开创成功未来的几率就会加大，很多时候，才能是银，人脉是金，广泛的人脉更容易让你走向成功。

戴维·丁·马赫尼的经历，更能为我们说明通过处理好人际关系获得好人脉的重要性。他虽然年轻，但他所做的每一件事皆是因为人脉而获得成功的。目前，他已经拥有一家属于自己的广告代理公司了。他与广告界打交道，是从服务于纽约著名的广告公司路斯莱思开始的。当他准备出来自己创业时才二十七岁，那时的他已是公司的副总经理，手里掌握着该公司最大的两家客户，同时，他的年薪是十万美元，由于公司具有十足的发展潜力，因此他的前途也很光明。

但是，他仍然希望能拥有一家自己的公司，他认为“打铁须趁热”，再不开始展开抱负，可能要坐失许多良机！于是，就在二十七岁那年，他辞去了令人羡慕的显职，而投身于自己的事业。很多朋友都为戴维感到担心，因为这个时候广告业竞争激烈，除了实力雄厚的大公司外，各小广告公司都是摇摇欲坠。在这个时候办广告公司可实在不是个好时机，然而戴维没有退缩，他过去的一些交际关系派上用场了。

通常来说，广告业界比其他行业更重视个人交际，更重视人脉，甚至可以说广告业就是建立在人脉上的，要靠人脉才能得以维持。一家广告代理公司建立之初，最重要的课题就是如何才能获得顾客，此时，公司职员们过去的个人交际便能产生极大作用。

戴维曾经是许多公司的代理者，信誉卓著，各方面关系都不错。所以，他的公司一开业，便有厂商指名要他代理，这使他的公司的业绩蒸蒸日上。

五年后，他的公司已雇有三十五名职员，全美各地都有他们的客户，其中足以维持公司业务的大客户共有十五家之多。他本身所具备的专业知识及其说服力皆是他成功的重要保障。

戴维就这样利用好人脉“赢取”着成功，但他是否从此就满足而不再前进了呢？

当然不是。据说，他后来又创办了一家俱乐部，该俱乐部是同业友人聚会的场所。凡是会员，业务上有任何疑问或困难，都可以在俱乐部公开提出讨论或在会员间彼此交换意见。俱乐部的会员中，有一流的出版业者、广播业者、广告业者等等，几乎都是社会上的精英分子。

戴维本身在进行某一新企划之前，也会在俱乐部征求各方面专家的意见，他对于在那儿讨论出的结论极有信心与把握。在那里，他认识的人越来越多，人缘越来越好，事业也跟着水涨船高，越做越好了。

可以说戴维之所以能迅速成就自己的事业，很大程度上都得益于他良好的人脉资源。也许他没有碰到好机遇，但他良好的人际关系弥补了这个缺欠。如果戴维不是与各方面都有良好的人脉资源的话，那么他的广告公司就很难在激烈的竞争下生存发展。

其实，生活中很多刚踏入社会的年轻人都存在这方面的问题，他们过分强调个人才能，强调发展机遇，但对人脉却不够重视，结果他们往往在与成功只差一步的地方惨遭滑铁卢。

要想迅速成就一番大事业，你就必须努力拓展自己的人脉资源，有了，你才能把握住机遇、发挥出你的才能。轻视人脉的人就是在拒绝机会；没有好人缘的人就很难敲开成功的大门！

人脉越广，机会越多

成功人士几乎都有一项特长，就是善于观察、了解、学习他人，并且拉近、保持与这些人的关系，进而动用这些人脉。这可是全世界的成功者共同的特质，同时也是最宝贵的经验。

从某种意义上讲，任何人都需要借助各种各样的人脉寻找机遇。

纯粹意义上的赤手空拳打天下，白手起家是不存在的，也是不现实的。大凡成功者必善利用各种人脉资源，从而使自己拥有一双能翱翔寰宇的羽翼，比他人飞得更高、更远。

当今时代，本领再大的人，仅凭一人之力，势必寸步难行。由此，要想成功，就得借用各种人脉资源，善于借用各种人脉是成功的关键所在。借用各种人脉，即充分利用各种人际关系的资源，借势造势，借力发力，借光沾光，借用各种可借的人脉、使自己的目标轻而易举地达成，使自己期望的梦想凭借好风直上青云。

当今时代处充满着机遇与挑战，无论做什么事，都要面对激烈的竞争与复杂的人际关系。虽然人人都渴望成功，但是事实告诉我们，要想成功，没有人脉是不可能——人脉决定成败。

对于人脉的维系，很多人都认为可有可无，甚至有些人会觉得这是在浪费时间，然而他们所不知道的是，人脉的力量是巨大的。人作为一个独立的社会个体，是无法脱离群体而单独存在的。无论你是否愿意，你都必须要承认，在当今社会，没有任何一个人能够仅仅依靠自己的力量活下去。由此，当我们在探讨一个成功的典范时，最原始的评价基础是：这个人，不管他本身的能力怎样，假如没有周围各种人脉的协助，他是无论如何都不能取得成功的。

美国著名的杂志《人际》在2002年发刊词中有这样一段话：“如果不相

信，你可以回忆以往的一些经验，你会发现原本以为是自己独立完成的事，其实，背后都有他人的协助。因此，无论在什么场合你都应该尽量表现出真正的自己与自己真正的能力，他人将会给你很多有用的建议。绝不可低估人际关系的力量，否则你将白白失去有利的帮助之力。”

美国西北铁路公司前任总裁史密斯曾经说过：“铁路的成分中95%是人，5%才是铁。”可见，没有人际关系的人生是不可想象的，也是近乎天方夜谭的，谁都不能回避它在生命中所占的重要位置。既然如此，我们别无选择，只能去正视它、利用它来创造我们在社会生活中的优势，从而达到自己理想的目标。

随着知识经济时代的到来，在社会的发展中构建人脉的目的性会更强。由于所有的人都希望实现自我利益的最大化，而与各利益主体建立良好的人际关系恰恰是实现这一目标最方便快捷的途径，由此，人脉的价值被越来越多的人重视起来。

曾经有很多人这样认为：“30岁以前靠专业赚钱，30岁以后靠关系赚钱”，可见人脉的重要性。

人的交往越广泛，社会关系越多，人生中的机遇就会越多。当然，当你准备与他人建立关系时，必须独辟蹊径，有效争取他人的兴趣、好感与信任。千万不能落入俗套，否则他人就不会搭理你。

另外，还要注意一点，在与他人交往和建立社会关系的过程中，绝对不要急功近利。

尽管机遇是在交往中实现的，但在初步交往中，人们很可能没有看到这种机遇，假如由此而冷漠了交往，就会使你的交往毫无价值。

真正形成可靠、牢固的社会关系之前，人们往往无法判断出这种交往是否包含着更大的机遇。因此，你要具备一定的耐心与恒心。

重视人脉 便于长远发展

拥有广泛的人脉是一种十分重要的资源。它不仅是日常生活的润滑剂，也是事业成功的催化剂。独木难成林，没有朋友，没有良好的人脉资源的人注定很难成功。

你常会遇到一些人，他们对你说让客户和合作伙伴成为盟友的努力最终是毫无价值的。请你不要被这些反面意见所阻挠或动摇，认为维持和巩固关系毫无用处，这种说法其实是无能的表现，纯粹是种托词。说这话的人从不争取与人建立和谐的最佳关系，而且对其合作伙伴的特点和优点一无所知。归根结底，持此观点的人就是不受人欢迎的家伙，在他们看来，合作和交往中的举止有礼、和善可亲是毫无意义的。

某次会议中间休息时，几家公司的销售人员说起言谈举止对于赢得客户的重要性。其中的一位打断了同行们的话："照我看，对客户们客气、跟他们套近乎是一点儿用也没有。反正我的客户们素质糟透了。我经常得在电话里冲他们吼叫，因为他们实在叫人生气。不过，到第二天我当然得向他们道个歉。"

这个例子说明，认为建立良好人际关系对经商毫无意义的人本身是个失败者，认为这种特别的努力没有用处的人本身就没有进行这种积极的尝试。

有些人不重视人脉是因为没有长远的目光，缺乏远虑。他们只关心第二天结果如何，而不考虑如何从根本上提高自己获取成功的能力，以及如何能使自己长期地在有利的环境中工作。

有长远眼光的人，才会注意到人脉的重要性。目光短浅的人必然会忽视"特殊关系"所能带给他们的好处。他们从未想到，与在急于求成的谈判中节节让步、提供低廉的报价相比，如果把这笔损失的差额早些投资在维持和巩固良好关系上，结果可能更为经济划算。他们没有认识到，虽然前者使他们更容易敲定眼前的一份合同，但后者却为他们奠定了基石，令他们在日后的更多份合同中，在价格上不必大举“割肉”。因此，与人交往合作的能力还包含了进行战略性的长远考虑和行动的能力。

面对市场，行业中价格战愈是硝烟弥漫，人脉的作用和意义就愈重要。激烈的价格竞争通常会使客户举棋不定。所有供货商的条件几乎一致无二、难分上下。最终，你的客户所做的选择只能取决于双方关系的优劣程度。在很多时候，高质量的和谐关系免去你在价格战中亦步亦趋的辛苦。即使你必须为客户提供优惠的价格，也不会达到像你的竞争对手那般的“出血”程度。“特殊关系”会为你在谈判中留有更大回旋余地。一位尊敬你、对你有好感的客户在价格谈判中也会公平对待你。他不会咄咄逼人，利用谈判机会显示他的生意手腕。

对他来说，重要的不光是价格，还有他跟你的交情。他看得到与你合作会给他带来哪些共同利益。他会给你机会用其他论据来说服他，例如：凭借你的产品质量和服务质量上的优势。当然，没有一种措施或方法能够“放之四海而皆准”。依靠人际关系当然不一定时时有效、事事有效。个别时候努力而不见效当然是可能出现的，但这只会是极少数。你只需记住，你可以凭借关系智商愉悦绝大多数的客户和合作伙伴，给绝大多数的人留下深刻而良好的印象，并赢得他们的友谊。这已是值得高兴的成绩了。因此，你在任何时候都不能放弃争取朋友和同盟的努力。

即使对方偶尔让你失望一回，比如说，谈判没有预期的成功，你也要坚持把他当“特殊人物”来对待。别只是在闲来无事或万事太平时才想起向他表示尊重，无论何时你都应敬重他、关照他。

扩展自己的人脉圈

“多个朋友多条路”。拓展自己的人脉，立足于社会，还要尽可能地多交几个朋友。朋友多了，视野才更开阔，生活才更充实，自己的帮手和靠山才会越来越多。朋友多了，自然左右逢源，办事就很方便顺利。不同的朋友能给你带来不同的启迪，拓展你的思维，开阔你的眼界。相交多年的人是益友，是良师；而一些萍水相逢的人如果得到了你的友情，也会给你带来意想不到的惊喜和回报，帮助你的事业走向成功。

很多人在办事不顺或四处碰壁时，往往会有这样的感触：“如果我有足够多的关系，一定可以更加顺利地完成这个工作！”因为，只要你和那些关键人物有所联系，当有事情想要去拜托他或是与其商量讨论时，你总是能够得到很好的回应。

这种与关键人物取得联系的有利条件，就是好人际关系所拥有的巨大力量。其实，你编织的关系网越宽广，你做起事来也就越方便。

由此，搭建丰富有效的人际关系网络是我们成功地解决自己工作与生活中的难题、到达成功彼岸的重要因素。

赵师傅从洛钢下岗半年多了，如今他又上班了。令他想不到的是，这次居然是工作主动找到他的，当然这还得益于几年前赵师傅结识的一位朋友。

两年前赵师傅为了给孩子筹集上大学的学费，决定将自己的房子出租。在出租房子时，赵师傅认识了一家房屋中介公司的王女士。在交谈中，双方商谈得十分愉快。不久，赵师傅的家搬到了桥西区，与王女士的公司离得远了，双方联系得也少了。

没过多久，赵师傅工作的厂子破产了，之后个人承包，赵师傅也被下岗分流了，赋闲在家。一次，赵师傅去桥东办事，遇到了王女士，双方聊了起来。在得知赵师傅下岗在家待业后，王女士说自己的公司正在扩大，需要一个办理产权手续的员工，不知道赵师傅是否愿意屈就。赵师傅想，他们只是为了出租房子打过几次交道，双方又有好长时间未曾谋面，因此，认为这是一句客气话，并没有往心里去，只是口头应承着说回家考虑一下。

哪里知道，赵师傅刚办好事回到家，王女士就打电话问他是否第二天就能上班。王女士说，办房产手续对于公司而言是一个重要岗位，交给陌生人不放心，赵师傅是个热心肠，又是熟人，如果方便的话，可以马上上班。

第二天，赵师傅就赶到王女士的公司去上班了。如今王女士的公司又扩大了，赵师傅成为桥西分部经理。

赵师傅深有感触地说：朋友多了路好走，这话一点也不假。

是的，在很多时候，你面临的生活问题、工作问题，单单依靠个人的力量很难解决。但是朋友多了就不一样了，朋友会出主意，出人力、物力为你解决难题。

因此，世界首富比尔·盖茨说："一个人永远不要靠自己一个人花100%的力量，而要靠100个人花每个人1%的力量。"

多拉关系广交朋友，办事更容易

关键时刻真得靠朋友啊，人活一辈子，总会碰上几件难办的事，这时候就得靠人脉。人脉越广泛，成功的几率越大，所以要想减少办事的阻力，就要多拉关系广交朋友。

当今社会办事讲人脉，有人脉办起事来就会事半功倍。你有人脉就有门路，没人脉，你就要结人脉，通过人缘找人脉。在你的亲戚中找，在你的朋友中找，在你的同学中找，在你的上下级中寻找。没有直接的，你可以找间接的；通过地位低的，可以找地位高的。只有广结人脉，办起事来才能左右逢源。

有这样一个寓言故事：

一天，一头老驴子遇见一只老蜘蛛，便大吐苦水："唉！命运真是太不公平了！我从小时候开始，便辛勤劳作，没有一天懈怠过，但仍然是汗流浃背方能糊口，现在我年岁已老，正在丧失劳动力，命中注定要被主人遗弃。而你，我从来没见你劳作过，却衣食丰足。就是现在老了，你仍不愁吃喝，自有投网者，送来美味佳肴。不是说'天道酬勤'吗？世道为什么这么不公平啊！"

老蜘蛛回答："你说我没劳作，这不对。想当年，我每天饿着肚子，熬着筋骨，日复一日地织我这张网。我是靠一张网在生活，网不会因我年老而衰，所以我虽然年事已高，而生活不愁。如果我也像你一样靠我这几条纤细的腿来生活，我会过得比你还惨。"

那么，生活中你是驴子还是蜘蛛呢？

如果你已经建立了一个完整的人际关系网，你就可能是蜘蛛，反之，则是驴子。驴子和蜘蛛的命运差距这么大，就是因为驴子只能依靠自身的能量，而蜘蛛善于借助外延的力量。一个人本身的能量是有限的，而外延的能量是无限的，一个善于借助外延能量的人，生活起来才会轻松。

那么，人应该如何扩大自己的外延力量呢？办法只有一个——织网。织一张人际关系网，可以完成靠个人力量无法完成的活动，可以办成靠个人力量无法办成的事。

其实，结交朋友并不难，拓展人脉是每个人所必需的，并不是政治家或金融家的专利品，而且如果渴望拓展关系，在我们周围，就有不少人选待你去结交。

拓展人脉要懂得结交意识，要认识到人脉是办事的一种资源，它需要我们不断地经营。下面是拓展“人脉”要注意的事项：

晴天留人情，雨天好借伞

建立“关系”最基本的原则就是：不要与人失去联络。不要等到有麻烦时才想到别人，“关系”就像一把刀，常常磨才不会生锈。若是半年以上不联系，你可能已经失去这位朋友了。

此外，订立可以变通的目标，试着每天打5到10个电话，不但要扩张自己的“人脉”，还要维系旧情谊。如果一天打10个电话，一个星期就有50个，一个月下来，更可达到200个。平均一下，你的人际网络每个月大概都可多十几个“有力人士”为你打通环节。

发展人脉要找窍门

大人物虽不好找，并不表示绝对无法接近。不必浪费时间在上班时间打电话给他们，这些人不是在开会就是电话中，或是出外办事了。

要利用空档，结人脉的高手认为傍晚六点以后是与这些大人物接触的“黄金时刻”。秘书、助理等大概都走了，只剩下一些工作狂还舍不得走，希望自己的“埋头苦干”能给老板留下深刻的印象。此时是联络这些“贵人”最适当的时机。在这宁静的片刻，他们不是在做自己的事，就是也在拓展自己的“关系”网络。

乐观一点，不要以为位高权重者都是高不可攀的人物。只要抓住窍门和时机，就能联络到每一个人。大凡有能力有地位的人几乎都有层层的关卡保护，若能突破这些障碍，剩下的就不难了。例如每个大公司都有门卫，设法找到他们，跟他们拉拉“关系”，他们就能告诉你通往老板办公室的秘密通道。惹火了他们，只会让自己吃不了兜着走；化敌为友，日后才能一帆风顺。

人脉无处不在

街上、饭店大厅、火车上、公共汽车站、舞会、亲友聚会，处处都有不少最新情报。跟人谈上一两个小时，一定可以学到一点东西。出差、旅行也是拓展人脉的好机会。

记录下你所有的人脉资源

像写日记一样，数十年如一日，如果有恒心、纪律、持续力行，一定成绩斐然。如果你很认真地在增进自己的“关系”，认识的人一定不少。要追踪成果，不妨记录每一次联系的情形。在记忆犹新的时候就要赶紧写下，等到日后再来补记，效果就大打折扣了。

可记录的要点包括：姓名、地址、电话号码、你的看法以及日后联络之道，记录得越详细越好。

拓展人脉是慢功夫

若是盲目地向前冲，只有使人离你愈来愈远。你的积极进取在别人眼里可能是“不择手段”、“没头没脑”的。在最糟的情形下，可能使我们想亲近的人纷纷躲避。

俗话说，“上山擒虎易，开口求人难”，人不是万能的，常常需要求人办事，然而，事办不办得成就要看你是否有人脉了。因此，平时我们要尽量多交结一些高朋益友，这样办事的时候自然就会有人帮你了。

拥有广泛的人脉也是一种能力

所谓的人脉，其实就是人际关系。拥有广泛的人脉也能体现你的能力，没有人脉，你无法取得很好的业绩。你非常有人脉，但是你没有能力，你还是无法取得很好的业绩。如果你既有人脉又有能力，那么你的前途将不可限量。

美国成功学大师卡耐基经过长期研究得出这样的结论："专业知识在一个人成功中的作用只占15%，而其余的85%则取决于人际关系。"因此，不管你从事哪个行业，只要你拥有良好的人际关系，再加上你的能力，你想取得很好的业绩并不是难事。难怪美国石油大王约翰·D·洛克菲勒说："我愿意付出比天底下得到其他本领更大的代价来获取与人相处的本领。"

假如你是一个销售员或者是一个业务员，不仅要懂得积累人脉，更要明白：人脉+能力=财脉，这个道理会让你受益无穷。光有人脉没有能力肯定是不行的。没有能力的人，别人很难接受你，没有能力的人也很难说服别人，更别说影响别人，成功者和失败者之间最大的差距就是成功者影响别人，而失败者是被别人影响。

有一位保险推销员，他经常去拜访一位老太太，与老太太聊天，陪老太太散步，帮老太太做一些家务事。经过一段时间，老太太就离不开他了，常常请他喝茶。

然而不幸的是，有一天老太太突然死了。

这位推销员怀着一颗悲痛的心去参加老太太的丧礼。当他抵达会场时，发现另一家保险公司竟也送来两只花圈，他很纳闷："究竟是怎么一回事呢？"

一个月后，那位老太太的女儿到这位推销员服务的公司拜访他，说："我就是另一家保险公司经理的夫人，我在整理母亲遗物时发现好几张您的名片，上面还写有一些十分关怀的话。我母亲很小心地保存着，而且，我以前也曾听母亲谈起过您，仿佛与您聊天是她生活的快事，因此，今天特地前来向您致谢，感谢您曾如此鼓励我的母亲，带给我母亲晚年的快乐。”

夫人深深鞠躬，眼角还噙着泪水，说：“为了答谢您的好意，我瞒着丈夫向您购买贵公司的保险……”然后拿出20万现金，请这位推销员签约。对于这种突如其来的举动，这位推销员大为惊讶，一时之间，无言以对。

真诚的态度可以感动人，同样也可以使你收获你想要的东西。所以说，人脉就是财脉。

激励大师安东尼·罗宾说：“人生最大的财富便是人际关系，因为它能为你开启所需能力的每一道门，让你不断地成长，不断地贡献社会。”

成功机遇的获得与其交际能力和交际活动范围的大小几乎是成正比的。所以，我们应把营造好人际关系与捕捉成功机遇联系起来，充分发挥自己的交际能力，不断扩大自己的人际关系网，发现和抓住难得的发展机遇，进而去拥抱成功！

找棵大树好乘凉

说起攀高枝，人们往往想到那些没有什么能力的人，其实，有能耐的人也需要攀高枝。攀高枝实际上是成就事业的大捷径，既能节省成本，又不浪费时间，何乐而不为？相反，你即使才高八斗、学富五车，如果没有人识你、帮你，那也只能默默努力。不借助有利于向上的阶梯，只能像只蜗牛似的慢慢蠕动，一不小心栽下来，还可能会就此没有了出头之日。

中国古代著名谋略家姜尚可谓能力非凡了，就是这样一位有大能耐的人，也照样攀高枝，而且攀得巧，攀得妙，攀出了周国的太师身份和几千年的英名。

姜尚又称姜子牙，是我国上古时期最为著名的政治家和军事家。姜子牙生活在商朝末年，当时纣王无道，荒淫无度，社会矛盾急剧激化。与此同时，商王朝的诸侯周国迅速崛起，国君西伯姬昌励精图治，逐渐有取代殷商之势。姜子牙生逢乱世，虽有经天纬地之才，无奈报国无门，潦倒半生。他曾在商王宫中做过多年吏卒，虽然职低位卑，却处处留心：他看到纣王沉湎酒色，荒废国政，几次想冒死进谏。一则想救民于水火，二则可以因此受到纣王赏识，求得高官厚禄。然而姜子牙后来见到大臣比干等人皆因直谏而丧生，只好把话咽回肚中，他料定商朝气数将尽，纣王已不可救药，自己不愿糊里糊涂地替纣王殉葬。于是，他决定另攀高枝，改换门庭。

当时，西伯昌立志复兴周国，除掉纣王，求贤若渴，正是用人之时。姜尚为了引起西伯昌的注意，便在渭水之滨的兹泉垂钓。这个地方风景秀丽，人迹罕至，是个隐居的好地方。姜子牙并非要老死林下，而是在此静观世变，待机而行。

这一天，姜尚听说西伯昌要来附近行围打猎，便假装在兹泉垂钓。这时候，姜子牙还是个无名之辈，西伯昌当然不会认得他，但姜子牙却在朝歌见过西伯昌。为了引起西伯昌的注意。姜子牙故意把鱼钩提离水面三尺以上，钩上也不放鱼饵，引起西伯昌的好奇。

西伯昌问："先生这般钓法，能使鱼上钩吗？"

姜子牙见西伯昌对人态度谦和，果然是个非凡人物，便进一步试探道："休道钩离奇，自有负命者。世人皆知纣王无道，可是西伯长子就甘愿上钩。纣王自以为智足以拒谏，言足以饰非，却放跑了有取而代之之心的西伯昌。"

西伯昌闻言，大吃一惊。心想：这位老人身居深山，何以能知天下大事？更为不解的是，他怎能把我西伯昌的心迹看得这么透彻？定然不是凡人！连忙躬身施礼，说道："愿闻贤士大名？"

"在下并非贤士，老朽姜尚是也。"

"刚才偶听先生所言，真知灼见，字字珠玑，不瞒先生，在下就是你说到的西伯昌。"

姜子牙装出吃惊的样子，惶恐地说："老朽不知，痴言妄语，请您恕罪。"

西伯昌连忙诚恳地说道："先生何出此言！今纣王无道，天下纷纷，如先生不弃，请您随我出山，兴周灭商，拯救黎民百姓。"

姜子牙假意客套了一番，随即同西伯昌一起乘车回宫，一路上纵论天下大势，口若悬河。西伯昌如鱼得水相见恨晚，回宫之后，立即拜姜尚为太师，倚为心腹。从此以后，姜子牙官运亨通，飞黄腾达。

作为一个老谋深算的政治家，姜尚略施小计便攀上了西伯昌这棵大树，跳槽做了周国的太师，倘若他抱定忠臣不事二主的观念，恐怕到老到死也不过是一名小卒，永无出头之日。

像姜子牙这种为实现胸中抱负，成就大业而巧妙地"攀附高枝"，自然无可厚非，这叫良禽择木而栖。俗话说，人往高处走，水往低处流，人人皆有出头向上的本能，因此，应当说攀高枝乃人之常情，但是，这种"攀附"也要讲究方法，应该有"度"，有某种底线，如果方法不当，为了向上高升而不惜像哈巴狗那样极尽谄媚能事，连人格尊严全都不要了，攀附就成了卖身投靠或曲意逢迎了，就会让人不齿，就会留下笑柄任人指责了。

《官场现形记》里有个瞿耐庵夫人，已经老得成了“脸上起皱纹的婆婆，头发也有几根白了”，居然情愿拜在膝下，认湍制台年方十八的干女儿宝小姐做干娘，究其原因，无非是想攀上这门干亲戚，“少不得总要替我们老爷弄点事情，只要弄得一个好差使，就都在里头了。”像这种行为，已经不是一般的做人态度是否老实认真的问题了，而是一种严重的人格萎缩和扭曲。即便我们主张为了事业和理想而“攀高枝”，对于这种人也是鄙视的。

既然有心要攀附某人，准备的功课是一定要做好的。

攀附的奥妙在于选准你要攀附的对象，你只有和他拉上关系，才能背靠大树好乘凉，把想办的事办成。所以，你就要尽量多了解他的为人、身世和关系户。只有熟悉了这些背景，你才能山不转水转、石不转路转。通过关系去和他结识，必要的时候，还要靠他的同学，他的亲戚朋友去为你说情。所以，攀附的实质在于“上网”，就是要钻到你要求的人的社会关系网里去，知己知彼，这样才能为取胜奠定基础。

通过了解，掌握了你所要攀附对象的兴趣爱好；这个时候，你就有了由头和借口，就很容易和对方缩短距离。有一位领导喜欢书法，尤其喜欢收藏盛唐时期的碑拓。一个人想求他办事，于是专门找了一幅早年的碑拓去请他鉴赏。自报过家门后，把拐了几个弯的关系一讲，那领导还是一脸的冷漠，于是他马上转换话题，盛赞这位领导是盛唐碑拓的鉴定行家，他有一幅碑拓，想请他鉴定一下，从而辨别真伪时，领导的脸色马上温暖如春。这个人展开了他的拓片，两人一边看，一边聊，谈得十分投机，临行前，他见那位领导爱不释手，就以碑拓相赠，并顺便麻烦他一件小事，于是便大功告成了。

当今社会，能被人攀附的人，大多具有相当的能量，因而在他的周围会形成一个曲意逢迎的竞争圈子，而所谓权威人士，不见得都是坐交椅的尊神，往往是他圈子里的某个人，这个人是能影响关键人物的决策的。要在这个圈子中生存，并达到自己的目的，你就要仔细的讲究一下这个圈子，用一些策略和手腕，察言观色、听风看雨，一旦有好风，你就可以借力成为攀附对象的心腹或者嫡系，那你还有什么事办不成呢?

在攀附中要牢记的是：攀附不是一味地压低身架去求人，更不是卖身投靠做小厮，攀附的态度固然需要“矮”，但却绝不是“卑”，如果一味地用奴颜媚骨去拉关系，只会让被你攀附的对象看不起而失去了价值，任你如何卖力，在他的眼里，也只是个奴才。

构建事业的关系网

每一个伟大的成功者背后都有另外的成功者。没有人是自己一个人达到事业的顶峰的，一旦你许诺要成为出类拔萃的人，你就可以开始吸收大量对你有帮助的人和资源了。而其他各方面有所建树的人是你所有资源中最大的资源。你要做的就是找到他们，构建有助于你的事业的“关系网”。

做人成功者大多是有人脉网的人。这种网络由各种不同的朋友组成，有过去的知己，有近交的新朋，有男的，有女的，有前辈，有同辈或晚辈，有地位高的，有地位低的，有不同行业的，有不同特长的，也有不同地方的……这样的关系网，才是一张比较全面的网络，也就是说，在你的关系网中，应该有各式各样的朋友，他们能够从不同的角度为你提供不同的帮助。

人脉网既然称作是“网”，就应当具有网的特点。也就是说，在这面网上朋友的构成有点有面，分布均匀。不懂交际之道的人交友却不是这样，他们结交的范围十分狭窄，分布十分不均。只在自己熟悉的范围内认识一些人，而这些人的行业和特长比较单一。

比如，你要某人推荐几个供你拜访的朋友，如果这个人是个失败的人，他只能好不容易为你提供一两个人，而且好不容易才找到这一两个人的地址和电话。

这样就构不成一张标准的人脉网了。值得一提的是，在我国由于传统上知识分子受“清高”的影响，往往喜欢闭门谢客，喜欢孤军奋战，特别是对官场上的事情喜欢“两耳不闻窗外事”，对政界的人物更是不愿去与之进行交际。这样的传统和习惯是十分不利的。从成功学的角度来分析，它对聪明人的成功更为不利。如前所述，在中国要成功，离不开上级领导的信任和支持，而上级领导大多是官场的人，你不主动与他们交往，他们对你不了解，你对他们也很陌生，你怎么能获得他们的信任和支持呢？

成功的人就不同了，他们会推荐出一大堆朋友，而且是在长长的名单上寻找，因为名单上包括各式各样的朋友。由此显示出成功者与失败者在交友方面的差别。

广泛与人交往是机遇的源泉。交往越广泛，遇到机遇的概率就越高。有许多机遇就是在与朋友的交往中出现的，有时甚至是在漫不经心的时候，朋友的一句话、朋友的朋友的帮助、朋友的关心等等都可能化作难得的机遇。在很多情况下，就是靠朋友的推荐、朋友提供的信息和其他多方面的帮助，人们才获得了难得的机遇。

例如，某单位新来一位主要领导，需要配备秘书，在多人跃跃欲试、趋之若鹜的情况下，小许被选中了。原因就在于这位领导委托自己的一个下级单某为自己物色秘书，而单某和小许是同学和好朋友，他们都是北京大学中国语言文学系95届毕业生。单某自然清楚，小许肯定胜任秘书职位，于是就把这个同学推荐出来了。结果，领导本人满意，组织考察合格，正在为前程茫然奔波的小许更是欣喜若狂，因为他找到了自己适合的位置，在当时情况下当上领导同志的秘书，是他的心愿，也是他的成功的一个里程碑。这个里程碑的获得，关键因素是他有那么一个得到领导信任的同学。也许他想不到这个朋友会对他的成功起到至关重要的作用，也许他们之间彼此进行交往的时候，没想到这种交往决定了日后一个人的巨大成功，没想到这种交往就是一个人成功的机遇。因此，从这个意义上说，交往广泛，机遇就多。

实际上，你的“人脉网”远比你意识到的要广大的多。你实际拥有的网络延伸到了你每天都有联系的人之外，更多的联系包括你与之共同工作和曾经一同工作过的人们，以前的同学和校友，朋友，你整个大家庭的成员，你遇到过的孩子的父母，你参加研讨会或其他会议时遇到的人，这些人都会是你的网络成员。你的网络成员还包括那些你在网络中认识的人，以及与他们有联系的人。

有句谚语说得好，每个人距总统只有六个人的距离。你认识一些人，他们又认识一些人，而他们又认识另外的一些人……这种连锁反应一直延续到总统的椭圆形办公室。而且，如果你仅仅距总统六个人的距离，那么你距你想会见的任何人也就只有六个人的距离，不管他是一家公司的总经理，还是你想让其加入你的团队支持你的名人。

聪明人不应当过于急功近利，有许多机遇是在交往中实现的，而在初步交往中，人们很可能没有看到这种机遇，在这个时候，不要因为没有看到交往的价值，就冷漠这种交往。

将你所有的联系列出来，想想你认识并有业务联系的每个人，设计一个计划，以最有效地利用你的这些联系。

喜欢别人，又能让别人喜欢的人，才是世界上最会做人的人，也是最成功的人。

借助有实力的朋友来取得成功

被社会承认，是人的正当追求，对社会进步也有积极意义，而借助名人提高自己的社会知名度，就是被社会所承认的方式之一。同时这也是寻找“朋友”、建立新关系的手段，不失为做人处世的一种好方法。

在现代社会，借力这种手段已被政治、经济、文化以及外交等领域广泛运用，而且大有日趋扩展之势。对于人际交往，它不失为一种提高自身形象，扩大自己影响的策略和技巧。

在你的家庭和亲友中，在你的社交圈子里，在你的专业网络里，你总能找到那么一两位——他们已经是某一方面的“赢家”。借助你与他们的关系与他们交往，把你的能力展示给他们，你就会成为赢家中的一分子。

利用“赢家”的影响，争取自己的利益，对于新生力量永远都不失为最佳选择。

许多人都记得，1998年3月19日，在“两会”期间的记者招待会上，朱镕基总理点到了吴小莉的名字：“你们照顾一下凤凰卫视台的吴小莉小姐好不好，我非常喜欢她的节目。”这个“两会”期间的轶事，使吴小莉顿时成为传媒界引人注目的明星，也是她的提问，使朱总理留下了激昂的宣言：“不管前面是地雷阵还是万丈深渊，我都会勇往直前，义无反顾、鞠躬尽瘁、死而后已！”随着吴小莉知名度的提高，吴小莉主持的节目《小莉看时事》也成为凤凰卫视台的名牌节目。内地的传媒朋友对小莉说：“在中国电视圈里，只有文艺类主持人容易成名，很少新闻类主持人成为明星，你算是特例。”中央电视台的一位朋友也笑说：“小莉，你不知道你对中国内地电视新闻从业人员的冲击有多大，许多人剪短了头发。”

1998年年底，吴小莉和其他传媒界朋友一起采访领袖双边会。在吉隆坡她又一次成为传媒的宠儿，因为江泽民主席也点了吴小莉的名。11月15日，当江主席步入会场，听说有香港媒体时，一眼就看见了她，笑说：“吴小莉，吴小莉，现在成了有名人物了。”吴小莉激动地说：“谢谢主席！”

的确，一个有声望的人即使是平淡的一个“字”给了你，要比一千个普通人长篇大论地给予的赞辞更有威力。许多商业广告喜欢用名人而不惜重金，实际上也是借力策略的应用。有头有脸的人都喜欢用的东西，普通人心理上容易认同：

“我和××用的同一个品牌的”。从人类的心理上讲，人们往往都倾向于这一点，认为自己找对了“路子”。因此，同样是消费，多一层名人的光环，自然很多人愿意借这个光。

美国一家公司所生产的天然花粉食品“保灵蜜”销路不畅，经理绞尽脑汁，如何才能激起消费者对“保灵蜜”的需求热情呢？如何使消费者相信“保灵蜜”对身体大有益处呢？

正当一筹莫展的情况下，该公司负责公共关系的一位工作人员带来喜讯：美国总统里根长期吃此食品。原来，这位公关小姐非常善于结交社会名人，常常从一些名流那里得到一些非常有价值的信息。这一次她从里根总统女儿那里听到了对本企业十分有利的谈话。据里根的女儿说：“20多年来，我们家冰箱里的花粉从未间断过，父亲喜欢在每天下午4时吃一次天然花粉食品，长期如此。”后来，该公司公关部的另一位工作人员，又从里根总统的助理那里得来信息，里根总统在健身保养方面有自己的秘诀，那就是：吃花粉，多运动，睡眠足。这家公司在得到上述信息并征得里根总统同意后，马上发动了一个全方位的宣传攻势，让全美国都知道，美国历史上年纪最大的总统之所以体格健壮，精力充沛，是因为常服天然花粉的结果。很快“保灵蜜”风行美国市场。

结交名人之心大部分人都有，谁不希望有个声名显赫的朋友：一个明星，或者随便什么大人物。如果能跻身于他们的行列，自己也便沾上了荣耀，在别人眼里也就身价大增了。

有位阿拉伯人名叫艾布杜，本来穷困潦倒，身无分文，就是使用了这种方法，不但结交了许多名人作朋友，还为自己求来了百万家财。

其实，他致富的方法说来简单有趣：他在签名簿里贴上许多世界名人的照片，再模仿名人的亲笔字，签写在照片底下，艾布杜便带着这几本签名簿浪迹世界，登门造访工商巨子和有名的富翁。

“我是因仰慕您而千里迢迢从阿拉伯前来拜访您的，请您贴一张照片在这本《世界名人录》上，再请您签上大名，我们会加上简介，等它出版后，我会立即寄赠一册……”

由于这些人有的是钱，又喜欢摆阔，一想到能跟世界名人排名在一起，便感到无限风光，这样一来，他们就毫不吝惜付给艾布杜一笔为数可观的金钱。

每本签名薄的出版成本不过是一两美元。而富人所给的报酬，却往往超过上千美金。艾布杜整整花了6年的时间，旅行了96个国家，提供给他照片与签名的共有2万多人。给他的酬劳最多的2万美元，最少的也有50美元，总计收入大约500万美元。

这种例子几乎不胜枚举，像美国著名影星克拉克·盖博在电影中脱掉衬衫，赤裸身子，就这么一个镜头，竟使得美国贴身内衣的销售量急剧下降。而英国王妃戴安娜带头穿平底鞋，英国市场上的高跟鞋就无人问津了……这些都是名人效应，有意识地利用，就是借名效应。由于名人的光特别亮，一旦借到名人的光，自己也会“亮”起来。做事如此，做人更如此。

与成功者交朋友不只是人类的发明，就连自然界，也给我们带来了相同的启示：古希腊历史学家希罗多德在奥博斯城的鳄鱼神庙里发现，水池中的鳄鱼在饱食后常张着大嘴，听任一种灰色的小鸟在那里啄食剔牙。这位历史学家感到非常惊讶，他在自己的著作中写道：“所有的鸟兽都避开凶残的鳄鱼，只有这种小鸟却能同鳄鱼友好相处，鳄鱼从不伤害这种小鸟，因为它需要小鸟的帮助。鳄鱼离水上岸后，张开大嘴，让这种小鸟飞到它的嘴里去吃水蛭等小动物，这使鳄鱼感到很舒服。”

这种灰色的小鸟叫燕千鸟，它在鳄鱼的血盆大口中寻觅水蛭、苍蝇和食物残屑。有时候，燕千鸟干脆栖居在鳄鱼的身上，好像在为鳄鱼站岗放哨。一有风吹草动，它们便一哄而散，使鳄鱼猛醒过来，做好准备。

燕千鸟是以保持掠食者的健康来换取食物的，它们与成功者为伍并且有明确的目的，因为它们知道鳄鱼每次成功的捕食，都会给自己带来好处。

还没有获得成功的人，都可以拿燕千鸟等动物做榜样。在成功者周围，做他的伙伴，让他知道你对他有价值，最终你可以从他那里分得利益。这样做绝不是交易，这是合作，是借助有实力的伙伴来取得属于自己的成功。

交友 才可交情

人既然是社会的人，处在各种社会关系之中，交友是必然的，不但要有生死与共、患难不移的朋友，也要善于和有这样那样的缺点错误甚至是反对自己的人交朋友。

他山之石，可以攻玉。广泛地结交那些不同职业、不同爱好、不同身份的朋友，有时也能相得益彰。

“兼听则明，偏听则暗”。结交各式各样的朋友，对于取长补短，开阔视野，活跃思维，都是有益的。

既要广泛交友，又要审慎选择。如何做到这一点呢？正如鲁迅先生曾经说过的：“我还有不少几十年的老朋友，要点就在彼此略小节而取其大。”略小节，取其大，就是不斤斤计较不足，而要从大处着眼。看人首先看大节，不是盯住对方的缺点错误不放，而是用发展的，变化的观点看人。如果不是略其小，取其大，就不能与人为善，就不能全面地客观地评价一个人，就可能一叶障目，不见泰山，就可能把朋友推开，就可能得不到良好的人缘。

朋友相交以“诚”，此乃至理，但也要分等级。

不就不诚了吗？其实这并不矛盾。

有个地方士绅，朋友无数，三教九流都有，他也曾逢人夸耀，说他朋友之多，天下第一。后来有人问他，朋友这么多，他都同等对待吗？

他沉思了一下说：“当然不可以同等对待，要分等级的！”

他说他交朋友都是诚心的，不会利用朋友，也不会欺骗朋友，但别人来和他做朋友却不一定是诚心的。在他的朋友中，人格清高的朋友固然很多，但想从他身上获取一点利益，心存二意的朋友也不少。

“对方有坏意，不够诚恳的朋友，我总不能也对他推心置腹吧！”这位士绅说：“那只会害了我自己。”

所以，在不得罪“朋友”的情况下，他把朋友分了“等级”，计有“刎颈之交级”、“推心置腹级”、“可商大事级”、“酒肉朋友级”、“点头哈哈级”、“保持距离级”等等。

他就根据这些等级来决定和对方来往的密度和自己心窗打开的程度。

“我过去就是因为人人都是好朋友，受到了不少伤害，包括物质上的伤害和心灵上的伤害，所以今天才会把朋友分等级。”他说。

把朋友分等级听来似乎无情，但听了那位士绅的话，使我们觉得分等级的确有其必要——为了保护自己免受伤害。

要把朋友分等级其实不容易，因为人都有主观的好恶，要十分客观地将朋友分等级是十分难的，但面对复杂的人性，你非得勉强自己把朋友分等级不可。心理上有分等级的准备，交朋友就会比较冷静客观，可把伤害减到最低。

要把朋友分“等级”，对感情丰富的人可能比较难，因为这种人，往往在对方尚未把他当朋友时，他早已投入感情；而且把朋友分等级，他也会觉得有罪恶感。

不过，任何事情都要经过学习，做人和交朋友也是如此。慢慢培养这种习惯，等到了一定年纪，自然热情冷却，不用人提醒，也会把朋友分等级了。

分等级，可像前述那位士绅那样分，也可简单地分为“可深交级”及“不可深交级”。

可深交的，你可以和他分享你的一切，不可深交的，维持基本的礼貌就可以了。这就好比客人来到你家，真正的客人请进客厅，推销员之类的在门口应付就可以了。

另外，有一种“朋友”也是你不能忽略的，那就是在应酬场合认识，只交换名片，谈不上交情的“朋友”。这种“朋友”各种行业各种阶层都会有，你不应把这些名片丢掉，应该在名片中尽量记下这个人的特征，以备再见面时能“一眼认出”。

但最重要的是，名片带回家，要依姓氏或专长、行业分类保存下来；你不必刻意去结交他们，但可以借故在电话里向他们请教一两个专业问题，话里自然要提一下你们碰面的场合，或你们共同的朋友，以唤起他对你的印象。有过“请教”，他对你的印象也会深刻些。当然，这种“朋友”不可能帮你什么大忙，因为你们没有进一步的交情，但帮小忙，为你解决一些小问题应该不会有太大的问题。

有人用电脑建立朋友档案，有人用笔记簿，有人则用名片簿，这些方法各有长处，而不管用什么方法，有几点是必须记住的：

——每个朋友对你都有用处。

——每个朋友都不可放弃。

——每个朋友都要保持一定的关系。

不管什么交情的朋友，毕竟都是“友”，只不过有远近亲疏之别，但也有些人却是我们并不想交往的人，对这样的人，也没有必要把内心显露出来，让他知道你讨厌他，而这可能就是你为日后埋下的隐患。

要想使自己左右逢源，拥有丰富的人际资源，就必须警惕各种人脉的盲区，避免各种处世的误区，比如说，交往中只凭个人好恶行事、伤他人脸面、说话太过，做事过分、精明过头、不留余地、不讲分寸等。这样只会导致众叛亲离，使朋友成为敌人，从而失去拥有这样人脉资源而成功的机会。

我们都愿意和自己喜欢的人交往，而不愿意和自己不喜欢的人来往。但现实生活却不可能满足我们这一愿望，我们的邻居可能正是我们不喜欢的：我们愿意安静，邻居则可能成天把音响开得震耳欲聋；我们喜欢清洁，邻居则总是把破破烂烂的东西堆满了楼道；我们不愿被人打扰，但邻居却经常喜欢到我们家里来借根葱要头蒜的。在单位，也有我们不喜欢的同事，我们虽然尽量回避他们，但由于工作关系，我们不得不与他们打交道。我们为此而烦恼。事实上，我们必须明白：世界上的人都是千差万别的，性格、爱好、观点、行为不一致的人在同一范围内生活相处是很自然的。如果纯粹以个人的爱恶喜厌来选择交往的对象，那就只能生活在一个越来越狭窄的小天地里。

以厌为敌，不但你所不喜欢的人与你隙缝愈深，而且周围其他人也会对你存有戒意，你的人缘会因此越来越差。久而久之，你会无路可走，自身也会成为众矢之的。所以，我们千万不要和自己不喜欢的人过不去，这样只会损害自己的利益。

观其人，识其心

8

人与人之间总是在进行着形形色色的交往，交朋友也好，谈生意也罢，首要条件就是要了解自己所要面对的是个什么样的人，心中有什么样的想法，只有这样才能够做到“对症下药”，采取正确的方法与之交涉。是否会看人读心，是一个人是否能够成功、能够取得多大成就的重要决定因素。

读懂人才能读懂世界

世界是人的世界，想要读懂世界，必先要读懂人。凡是能够成大事的人都能够清楚地认识到，自己成长的真正土壤是由人组成的社会。所以，他们在走上社会之前都要先学习如何识人，能够正确地识别他人的秉性是他们成功的重要法宝。

在我国几千年的历史中，历代杰出的思想家、政治家都能够认识到“为政之要，惟在得人”，并发出了“千军易得，一将难求”的感叹。这不仅仅是看重人才在决定战争胜败、国家兴亡中的重要地位和作用，同时也是对知人识人不易的一种感慨。因此，所有能成大事者，没有一个是不会看人识人的，可以说，他们的看人识人能力甚至有可能还在其他能力之上。

对人的识别，是从人的觉悟、品质、知识、工作能力、性格、精力状况等方面，进行全面的历史考察与综合评价。“知人”既是人才管理的一项重要内容，又是对人合理评价和科学管理的前提条件。可以说，知人是坚持公道正派、任人惟贤的基本保证。如果不能够慧眼识人，“近己之好恶而不知”，就无法坚持公道正派、任人惟贤的原则。知人识人还是对人才实施科学管理的一个重要环节。知人是做到人尽其才，才尽其用的必不可少的环节，同时也是激励人才奋发进取的有效措施。

汉高祖刘邦的长处就是善于知人用人，大胆从基层中提拔人，对谋士陈平的重用就是其中一例。最初，刘邦就看中陈平的长处，因此，没有因他是归降之臣而有所猜疑，反而予以重用。等到很多大臣都进谗言诋毁陈平时，刘邦因深明用人之道，不予理会，还对陈平厚加赏赐，并提升为护军中尉，监察全体官兵。从此，诸将再不敢谗毁陈平。

中国历史上有名的明君唐太宗提出的“何代无贤”人才观，非常值得今天的识人用才者深思和借鉴。唐太宗之所以能够使唐初统治下的社会欣欣向荣，出现“贞观之治”，就是因为他善于知人识人，并能够用人所长。由此可见，能否识人在很大程度上决定着一个人的成败。

古人云：“人之难知，不在乎贤不肖，而在于枉直。”意思就是说，识别人的难处，不在于识别“贤”和“不肖”，而在于识别虚伪和诚实。人有坏人与好人之分，英雄有真英雄与假英雄之分，君子亦有真君子与伪君子之分。所以说，人有虚伪与诚实之分；有表面诚实而心藏杀机；有表面看上去是愚笨的样子，而内在却是十分聪明之人；有“自作聪明”而实际上真正愚蠢的人……因而人们常说：天下者，知人为难。如今，大家都懂得知人不易，也就不会对人轻易下结论，而是更科学地对人加以鉴别。

“事之至大，莫如知人”。对于一个领导者来说，“帝王之德，莫大于知人”，没有什么能够比识别人才更重要。对于一个聪明人来说，“知者莫于知贤”，没有什么是比发现和了解贤者更重要的了。对于主持政务的人来说，“尚贤者，政之本也”，尊重贤士才是处理好政事的根本；“求治之道，首与用贤”，治理国家的方法，首先在于使用贤人；“安危之本在于任人”，即国家安危的根本在于任人。

《资治通鉴》中有一段话：“夫为国家者，任官以才，立政以礼，怀民以仁，交邻以信；是以官得其人，政得其节，百姓怀其德，四邻亲其义。夫如是，则国家安如磐石，炽如焱火，触之者碎，犯之者焦，虽有强暴之国，尚何足畏哉！”这就是在告诉人们：对于治理国家的人来说，任命有才能的人为官，按照礼制确立政策法规，以仁爱之心安抚百姓，凭借信义结交邻邦。如此，官员由有才干的人担任，政事得到礼教的节制，百姓人心归附只因为他的德行，四邻亲近友善只因他的恪守信义。这样，国家则会安如磐石，炽如火焰，触犯它的一定被撞得粉碎，冒犯它的一定被烧得焦头烂额。如此，即便是有强暴的敌国存在，又有什么值得畏惧的呢！

道理虽然简单明了，但要真正做到这一点，只有善于看人知人才能为事之至大，因此，一个成功人士首先必是一个善于识人的高手。

总之要记住，欲成大事，先学识人，善于识人方可兴大事。

识人
读人懂人

自古以来就有读书一说，但不知道有没有“读人”的？实际上，每个人都在读人，同时也在被他人读，从某种意义上而言，人就是一部复杂的、难以读尽也难以读透的大书。

读人也是一门必要的学问，会读的人读的全面，不会读的人仅读到枝节，会读的人读内在的本质，不会读的人仅读表面的现象；由此历史上因读人的正确与失误所得出的经验教训真是车载斗量，不胜枚举。

可以说，识人的标准是了解人的内心世界，但是，人不容易被了解，了解人也不容易。汉光武帝刘秀是一个很善于听其言知其人的皇帝，却被庞萌蒙蔽；曹操是明察将士的能手，还是被张邈骗了；曾国藩善于识人，也曾经受到“不忍欺”的欺骗。

清代野史记载：金陵刚被收复时，有个人冒充校官来拜见曾国藩。这个人和曾国藩谈话时，高谈雄辩，议论风生，有不可一世的气概，令曾国藩心中深感惊奇。当两人谈到“用人必须杜绝欺骗”这个话题时，那个假校官一脸严肃地说：“是否受到欺骗，主要还在于个人自己！我试谈谈自己的看法。像中堂大人(指曾国藩)至诚盛德，人们不忍欺。左公(指左宗棠)一身正气，人们不敢欺。”曾国藩大喜称善，把此人当成贵客招待。饭后，他便任命这个假校官监督制造驳船。可是没过多长时间就有人报告说，那个人裹挟着千金逃跑了。司职们要求曾国藩立即下令逮捕此人，曾国藩沉默良久后才说：“不必追捕他，他大概出去办事了。”他边说边捋着自己的胡须，还自言自语地说：“人不忍欺？人不忍欺？”左右官员听到后暗自发笑。

曾国藩善于识人，仍不免受人欺骗。由此可见知人的确不容易。

事物的表面现象看起来相似但实质不同，是很容易迷惑人的。所以，目空一切的人看样子很聪明，其实并不聪明；愚笨得可爱的人看上去像个君子，其实不是君子；粗鲁的人好像是很勇敢的人，其实不是。历史上的亡国之君大多给人一种颇有智慧的印象，亡国之臣往往表现出忠心耿耿的模样。混杂在禾苗里的莠草在幼苗时期与禾苗几乎没有区别；黑牛长上黄色的花纹很像是老虎；白骨很像是象牙；色泽像玉的石头很容易与玉石混淆。这都是似是而非的例子。

识人是一个复杂的心理过程，需要根据主要的信息来判断。第一，被认知者的外貌、言行、姿态等。第二，认知者与被认知者的互动情境，被认知者所具有的角色。第三，观察者本身的成见以及概念系统的简单与复杂程度也会对认知者产生巨大的影响。

要正确了解和判断一个人，不能只凭一言一行一事的外在表现，而要透过现象看本质，注意他对那些身处逆境或地位低下的人的态度。在具体的人际交往中，会有各种不同的情况出现，具体问题需要具体分析。

人心隔肚皮，读人实在是不容易，但不得不读。只有读懂人，才有知人之明，而读不懂人，就会败事，甚至伤身。战国时期的军事家孙膑，因当初没有读懂庞涓，因而受到了剐掉膝盖骨的重刑，而韩非没有读懂李斯，最后竟被囚禁而死。

能读书的人，更要学会读人。哪怕仅仅是一颦一笑，一丛鱼尾纹，文学家从中透视人们深埋其中的哀乐人生，社会学家从中寻觅以往的历史，心理学家从中管窥人们的血型和性格，哲学家从中剖析人性的善恶，医学家从中判断人们的健康状况。

即使我们的人生并不是一首动听的牧歌，但首先自己得光明磊落，心地坦然，然后，才能以冷静的目光去看待社会中的人，去读懂社会中的人。读好了人这部大书，有助于我们的事业有成，同时我们也就会真正实现由必然王国到自由王国的转变。

树立良好的第一印象

所谓第一印象，就是指在与陌生人交往的过程中，所得到的有关对方的最初印象。第一印象是双方彼此阅读对方内在的一种快捷方式。这种方式的准确性因人而异，并非总是正确的，但却总是最鲜明、最牢固的。它是阅历场中一棵挂满玄思妙想之树，深者得其深，浅者得其浅。

置身于一个新的环境，一个人的“第一印象”是非常重要的，别人对你，或你对别人都是如此。如果第一印象不佳，要想挽回，是要付出很大代价的，因为人类都会有一种先入为主的思维定式，它不自觉地左右着人的思维方式。所以，在和人打交道时，必须慎重地对待这个问题。

卡耐基指出：“良好的第一印象是登堂入室的门票。”有的时候，我们会在与人初次见面时，不知不觉地给对方造成“此人很不友善”、“此人很直爽”之类的印象。这是对方跟自己的经验相对照，并以其体格、外貌、服装等为基准，使对方产生的一种观念。如果给对方的第一印象有所错觉的话，就很难修正自我的第一印象。即使能修正过来，也要花费很长时间、很大力气。

初到一个新环境，每个人都会本能地产生一些紧张、陌生的感觉，只要抓住人人都注重先入为主这个特点，从一开始就树立良好的第一印象这一策略，保证会令你万事如意。

你与别人萍水相逢，互不了解，而你的外在形象却毫不客气地作为第一信号打入了他人的眼底。机敏的人能够在这一瞬间凭着自己的心理定式给你打分、对号。而且这种自我经验又非常的固执，人们的特点是最相信自己的最初判断了。有些人费尽心机，却一辈子老不景气；有些人办什么事都那样得心应手，物顺人从，似乎鸿运天降。其中的奥秘就在于其人的整体“形象”起了举足轻重的作用。

当然，第一印象有的是假象，有时给我们第一印象很好的人也有可能是心怀叵测的小人，我们要善于透过外表看实质，不要让第一印象牵着我们的鼻子打转。每个人都很难从他人的脸上表情或者言谈举止轻易断定其心情和目的。难过时，或许他微笑着巧妙地掩饰，兴奋的时候，他也有可能故作沉思低头不语。所以，这时他说出来的话、做出来的事不一定出自于内心的本意。

由于社会生活的复杂性，每个人在不同程度上，都会戴上面具来面对现实中的人和事。随着时间与阅历的增长，每个人的面具会越来越巧妙，很难被人察觉。久而久之，这就转变为一种社会性的心理思维定式，一种习惯。随之而来的世故圆滑也是成熟的标志之一。想一想自己，不也正是如此吗？自己的喜怒哀乐何时明明白白表露在他人面前而不加任何掩饰呢！真可谓人心难测，这是我们通晓人际交往秘诀的前提条件。

人际交往的初次印象，常常是十分强烈、鲜明的，并且成为正式交往的重要背景。一对结婚多年的夫妻，最清晰难忘的，是初次相逢的情景，在什么地方，什么情景，站的姿势，开口说的第一句话，甚至窘态和可笑的样子都记得清清楚楚，终生难忘。

总的来说，第一印象包括一个人的谈吐、神态、举止、相貌和服饰等，对于感知者而言这些都是新的信息，它对感官的刺激也较强烈，有一种新鲜感。这就犹如在一张白纸上，第一笔抹上的色彩总是十分清晰、深刻一样。随着后来接触的增加，各种基本相同的信息的刺激，也往往盖不住初次印象留下的鲜明烙印。因此，第一次印象的客观重要性还是显而易见的，并在之后交往过程中起了“心理定式”作用。

给人的第一印象假如是不热情、呆板、虚伪，对方就可能不愿意继续了解你，尽管你尚有很多的优点，也不会被人所接受。而假如给人留下的印象是风趣、热情、直率，尽管你身上尚有一些缺点，对方也会用自己最初捕捉的印象帮你掩饰短处。

社会学家发现，人们对在公众场合衣着整洁、仪表大方的人，或衣着略优于自己的人会留下较好的第一印象。

另外，一个人有没有才气最容易从讲话中表现出来。有才气的人一张嘴，那准确的语义、逻辑的力量、丰富有趣的内容立即会吸引对方。相反，夸夸其谈、吐字模糊、内容平庸都对人产生不了吸引力。

识人之道，在于能透过表面现象，用慧眼看穿人的本质，千万别做“悦于色，恶于德”的傻事。

以发展的眼光看人

对人的识别，最忌讳的就是用固定的眼光去看，以偏概全。如果总是拿一个人过去的失误来判断他的未来发展，从而否定其潜在的发展能力，这等于是用其以往的经历以主观臆断来压制他的潜能的发挥，打击他的积极性，同样也是在打击他的自信心、进取心，当然也就更谈不上培养和造就人才了。任何一个人，其性格作风、思想境界、专业能力、学识水平等，都是在不断发展变化的。有的人是越变越好，小才变为大才，歪才变为良才；有的人则是由好变差，或由风华正茂变为江郎才尽。所以要于万千人当中寻得人才必须以发展的眼光看人，切忌以偏概全。

秦汉之际叱咤风云的大将韩信，早年因为家贫，自己又不会做买卖，常寄食于别人家中，因而众人都很嫌弃他。淮阴的一个屠户甚至还当众欺负他，使他蒙受“胯下之辱”。后来，他投奔项羽，但是没有受到重用。后又转投刘邦，丞相萧何不计其过往劣迹，慧眼识真才，发现他具有卓越的军事潜能。后来还有一段“萧何月下追韩信”的佳话。最后在萧何的保举下，刘邦任命韩信为大将军，让他一展所长。在后来漫长的楚汉战争中，韩信充分发挥了他的军事才能，帮助刘邦统一天下，建立了汉朝。

如果当初萧何和刘邦总是用韩信受过胯下之辱的往事来估量韩信的才能，而没有用发展的眼光去看待他，那么韩信就只能成为别人眼中的武夫、无能之辈，一代人才也会因此而被埋没。

从这个事例中我们可以看出，用静止、孤立的观点看待人，会把活人看成“死人”。只有用发展的眼光看人，不要以偏概全，才能真正做到知人识人的客观公正。

反观今天的很多企业管理者，平时总是嘴上说自己观察人是多么仔细、多么准确，总是能够看到人家的发展方向。他的这些话让手下人不免为之心动。可是在实际工作中，他们却往往总是一提到某人，就先从这个人以往的某几件事情上大肆议论，历数他过去的种种过失，然后，就轻易地下结论说，这个人似乎也就这样了，以后难有作为。这种用静止的眼光识人的做法，实际上是非常愚昧狭隘的。

日行千里的良马，如果没有遇到伯乐，就会被牵去与驴骡一同拉车；价值千金的玉璧，如果没有善于鉴别的玉工，就会被混同于荒山乱石之中。人才如果不用长远、发展的眼光看其潜力，就会被埋没。

要知道，每个人都是在发展变化中走向成熟的，总是在不断总结经验教训中增长才干，发挥才能的。善于用发展的眼光来识别人，才是唯物主义的科学态度。如果总是拿一个人过去的失误来判断他的未来发展，从而否定其潜在的能力，这就等于是在用其以往的经历以主观臆断来压制他的潜能的发挥，打击他的积极性，同样也是在打击他的自信心、进取心，当然也就更谈不上培养和造就人才了。

作为知人识人者，真正以发展的眼光来识别人，实际上也正是自身素质不断提高的过程。

察言观色，知其表面更知其内心

求人办事首先要学会察言观色。别人不高兴的时候，你去求人办事，那肯定没什么戏，说不定还把自己搞得下不来台；当人高兴的时候，你再去求人，说不定难办的事也能办成。察言观色不但要知其表面，还要揣摩其内心的真实意图，这是察言观色的最高境界。

清朝的和珅没有多少真才实学，却非常受乾隆皇帝的宠爱，这主要是因为他在办事的时候能够察言观色，发现乾隆的真正意图，把事办得令皇帝十分满意。当然，我们不应该学做小人，但是善于观察别人的真实意图，确实有利于办好事。

《左传·郑伯克段于鄢》中记载，郑庄公平定母后武姜和皇弟共叔段的叛乱之后，把母亲武姜囚禁在了城颍，并发毒誓："不及黄泉，无相见也！"然而他不久就为自己的过激行为后悔了。可他毕竟身为一国之君，金口玉言，说出的话便不能轻易更改，这令他十分忧愁，不知怎么办才好。

但是，一般人都不了解郑庄公的真实想法，许多大臣去劝郑庄公都无功而返。一个叫颍考叔的大夫一直想在郑庄公面前表现自己却一直没有找到机会，这次，他通过仔细观察明白了郑庄公的难言之隐。于是便以献物为由，得到郑庄公召见，并赐食给他。在吃国君赐给的食物时，颍考叔当着众人的面，把食物中的肉都挑出来不吃。郑庄公问他原因时，颍考叔回答道："我的母亲吃过我给的食物，还没吃过国君赐给的食物，我想将国君赐的食物带回去给我的母亲吃。"

郑庄公叹息着说："你还有母亲可以献美食给她，而我有美食，却没有母亲来承受我的献给。"于是，颍考叔献计给郑庄公："挖一条见水隧道，在水边写'黄泉'二字，在隧道中母子相见，谁能说这不是相见于黄泉呢？"郑庄公欣然采纳此计，终于和母亲相见，得到一个其乐融融的结果。颍考叔也被郑庄公赞赏和重用。后人对颍考叔的孝心大加赞扬，其实他在这件事上表现出的是过人的办事智慧，这件事得以完美解决，首先要归功于颍考叔的察言观色，能够了解郑庄公的真实意图。善于从他人的性格出发。

常言道："知己知彼，百战不殆。"办事的时候应该先了解对方，尤其是了解对方的心理，从洞察他人的性格入手。

很多有成就的人，都曾经使用过一些巧妙的方法，去判断、洞察他人的性情和能力。他们会对他人在一定环境之下的行为进行细心地观察。这种对细微之处的特别留神，用心之苦，用力之勤，是一般人难以做到或者不愿意去做的。这也是他们比常人容易获得成功的重要原因之一。

尤其是领导者，要利用别人为自己办事，必须要充分了解手下，以便给他们分配合适的任务。

曾经有一个雇员回顾美国著名的巨商费尔特招聘他的情景时，万分感慨地说："我从未见过像费尔特那样细心的人，他问出的那些细小的问题简直令人难以置信。他甚至知道我曾在家乡的小镇当过骡夫，并对我饲养骡子的有关细节进行询问。"

费尔特如此细心地去品评、洞察他人，主要是为了了解他所雇佣的人的性格特点。正如他本人所说："如果我不亲自去品评、了解、认识他的性格、特点及能力，我将把何种事情交给他做呢？我又怎么能借助他们为我的公司效力呢？"

一般人的性格都是比较稳定的，其动作、表情以及情感在某种特殊场合下已形成固定的习惯，这些习惯就决定了他稳定的办事模式。这些习惯可以说是一个人的特性，而这种特性常常包含在他的动作、姿势、变化的面部表情以及语言与声调里。有的时候，人们会故意调整自己的动作，以免暴露自己的某些特点，但他们常在不知不觉中流露出自己的真实面貌。

比如说，某人有了困难，他是否会退缩？他有毅力去战胜它吗？他想把责任推到别人身上吗？他会勇于承担责任并想方设法来保护与此事有关的其他人吗？最终，这人究竟如何去做，我们一下子是很难断定的。但是，如果我们事先对此人就有所观察和了解，那么至少可以在他以往的情形之下，根据他所经历的或者干过的那些事情中寻找线索，找出他有可能对此类问题的反应。

有些人比较张扬外露，他们的性格让人一目了然；也有一些人把自己藏得比较深，让人一时很难发现他们的特点。可是很多时候，他们的真实情况依然能够被细心的观察者看得一清二楚，照样可以从中找到成功办事的突破口。

因此，我们在办事的时候，也应当刻意留心对方：他关注的是什么？他常常忽略的是什么？他的喜怒忧愁是什么？什么事情能使他震惊？什么事情会使他发怒？倘若我们能将他人上述的这些特点觉察出来，那么我们就能够推断出在某种环境之下，这个人大概会出现怎样的感觉和行动，在与他办事的时候就能够掌握主动权。

因此，我们在办事的时候，不要急于先“出手”，应该先下点功夫了解对方；然后，再“对症下药”，成功的机会自然就大多了。

沟通
带来了解

每个人从小学起就有这样的经验，写作文，最怕的就是文不对题。说话交流也是这样，最忌讳“南辕北辙”。试想，假如你是一位数学老师，你却在课堂上大谈历史；面对一位农民，你却对航天科技滔滔不绝；上司因产品销路不畅而心情不好，你却对本单位的管理问题大加分析。可能你讲得很对，也很有道理、很有价值，但人家不需要，那你说的就全部没有意义了。“对牛弹琴”的结果顶多不过是白费点力气，可你的交流对象是人，有时还是掌握你命运的上司和领导。假如你真的这样说了，后果可能就远远不是白费点嘴皮子那么简单了。

在美国，神学院毕业的学生，必须到乡村教会去当一段时间的牧师，一来可以丰富他们的工作经验，二来可以锻炼他们的韧性和毅力，为他们日后能够更好地宣传神学，更好地发展打下基础。

有一位成绩和各方面表现都十分突出的学生，从一所著名的神学院毕业后，自愿到一个以牧业为主、生活十分艰苦、人们的认知水平还比较低的村庄去担任牧师。为了使那里的人们很好地接受自己，并扩大自己的影响，从而使人们能够更好地领会神的旨意，他准备召开一个布道大会。经过紧张而又繁忙的准备之后，他的布道大会如期召开了。但令他失望的是，他等了足足一个上午，却只有一个牧童来到了会场。他心灰意懒，准备将布道大会取消，但为了不让牧童反感，他主动向牧童征询意见。结果牧童说：“亲爱的牧师先生，要不要取消大会我不知道，但我知道一件事，在我所养的100只羊中，就算迷失了99只，只剩最后一只，我还是要养它。”年轻的牧师有所领悟，决定大会如期举行。牧师使出浑身解数，对这位牧童全力进行灌输，想不到这位牧童竟然睡着了。牧师非常难过，却又不好意思叫醒牧童，结果他又等了整整一个下午。

到了黄昏，牧童醒了，牧师就迫不及待地问牧童："你为什么睡着了，难道我讲得不好吗？"牧童回答说："亲爱的牧师先生，你讲得好不好我不知道，但我知道，当我在养羊的时候，绝对不会拿我最喜欢吃的汉堡给羊吃，而要拿给羊最想吃的牧草。"牧师经过一番思考，终于大彻大悟。

过了不长的时间，这位牧师成了全美国最著名的牧师之一。

有的人认为，这位牧师的布道大会失败了，因为他在大多数人不需要布道大会的时候举办了布道大会，并且对唯一的一位参加者讲述了人家并不需要的内容。也有的人觉得，他的布道大会成功了，因为他明白了只有从人们的需要出发对人们进行引导，才能把神学发扬光大。事实上，正所谓"成也萧何，败也萧何"。牧师布道大会的失败，在于他忽视了人们的需要；牧师后来能够成功，则归功于他重视了人们的需要。

还是让我们回到"说"的主题上来吧。人世间有很多道理是相通的，做事需要我们考虑别人的需求，说话、交流也必须重视他人的需要。

因此，与人打交道的时候，在"说"之前，你要明白，对方想听什么、爱听什么、最需要什么，否则，说了还不如不说。也就是说，要揣摩听者的心理。

首先，你要清楚地了解对方的过去。当然，你不需要像一个侦探一样事无巨细，因为你需要的不是他的全部，只需留心他的日常言行，倾听周围人群的谈论，你就会对他的处世风格、性格爱好、优缺点等了如指掌。

然后，你要关注对方的现状。你跟对方交流，应该是有目的的。知道对方的现实问题和急需之处，你在说的时候就不会无的放矢。

最后，你要为对方提点建议。说，总是有一定内容的，而且这些内容必须倾向于为对方解决问题，创造未来。也许你说的话不一定非常管用，但没关系，至少你"说"的目的已经达到，你们的关系也会因为默契的交流而更加密切。

记住，在人们饥饿的时候给他半块馒头，比在他富有时给他十根金条更能让人刻骨铭心。

从口头语言上一眼看透他

一般来说，从一个人的口头语言就可以非常快速地了解他。因为口头语言是说话习惯的一部分，它是我们每个人在日常生活当中不知不觉就形成的一种特有的话语风格。从另一个角度来看，人们都会在不自觉的情况下使用自己的口头语言。

很多人说话时常常在无意之中高频度地使用某些词语，形成了人们所谓的“口头禅”，而这些语言习惯最能体现说话人真实心理和个性特点。因此，只要留心，就可以从一个人的“口头禅”中窥见一个人的内心世界。

喜欢运用流行词汇的人，热衷于随大流，比较夸张。这样的人独立意识不强，而且没有自己的主见，容易随波逐流。

喜欢运用外来语言和外语的人，爱卖弄和夸耀自己，虚荣心非常强。喜欢使用方言，并且还底气十足、理直气壮的人，自信心很强，富于独特的个性。

喜欢使用“这个”、“那个”、“啊”，等等词语的人说话办事都比较谨慎小心。这样的人就是我们所说的好好先生，他们对人对事都非常温和，绝不会随意生气。

喜欢使用“最后怎么样怎么样”之类词汇的人，大多潜在欲望没有得到满足。

喜欢使用“确实如此”的人，多浅薄无知，自己却浑然不知，还常常自以为是。经常使用“我”之类词汇的人，不是代表着软弱无能、总想求助于别人，就是虚荣浮夸，寻找各种机会表现自己，希望自身能够引人注目。

喜欢运用“其实”的人，表现欲较为强烈，希望能引起他人的注意。他们的性格大多任性倔强，而且非常自负。

喜欢使用“真的”之类强调词汇的人，大多缺乏自信，害怕自己所说的话无人相信。遗憾的是，他们这样再三强调，反而会更加引起别人的疑心。

喜欢使用“你必须”、“你应该”等命令式词语的人，多专制、固执、骄横，有强烈的领导欲望，并且永不满足。

喜欢使用“之类”词汇的人，一般较和蔼亲切，待人接物时，也能做到客观理智，冷静地思考，认真地分析，然后作出正确的判断和决定。他们不会独断专行，能够给予别人足够的尊重，同样也会得到别人的尊重和爱戴。

喜欢使用“我要”、“我想”、“我不知道”的人，大多思想单纯，爱意气用事，情绪不是十分稳定，会让人琢磨不定。

喜欢使用“绝对”这个词语的人，做事十分草率，容易主观臆断，他们不是太缺乏自知之明，就是自我意识太强烈了，让别人很难接近。这种喜欢说“绝对”的人，大多有一种自爱的倾向，有时他们的“绝对”被人驳倒之后，为了隐瞒自己内心的不安，总要找一些理由来加以解释，总想让自己的东西被人接受。其实，别人不相信他们的绝对，他们自己也不相信这样的“绝对”，只不过是为了维护自己的所谓尊严而强撑着。

而另外一些口头语出现频率极高的人，大多做事情犹豫不决，意志软弱。那些说话时没有口头语，这并不代表他们从未有过，可能以前有，但后来逐渐地改掉了，这表现出一个人意志坚强，说话非常简洁明了。

如果想要从口头语言上更多地了解一个人，从而非常自如地驾驭你的对手，那么你就要在与对手打交道的过程中多花费点心思，仔细认真地揣摩，时时刻刻地回味分析。用不了多长时间，你就能迅速地从口头语言上了解你的对手。最为重要的是，每一次了解的过程都能够让你一眼就看透，切中要害。

没有防线的闲谈能更快了解对方

想要从语言密码中破译他人的心态，闲谈是一种最好的方式，整个说话氛围显得轻松愉快，而且能够让他人在心理上没有防线。

与人谈话时，一些见识浅薄，没有心机的人就会很容易地把自己的不满情绪倾诉给你听。对于这种人，你不应和他保持更深更多的交往，只需当作一个普通朋友就行了。

如果说与别人刚刚认识，交往一般，而对方就忙不迭地把心事一股脑儿地倾诉给你听，并且完全是一副苦口婆心的模样，这在表面上看来是很容易令人感动的。然而，转过头来他又向其他人做出了同样的表现，说出了同样的话，这表示他完全没有诚意，绝不是一个可以进行深交的人。

这种人对一切事物都没有什么深刻的印象，千万不要附和他所说的话，最好是不表示任何意见，只需唯唯诺诺地敷衍就够了。

另外，还有一类人，他们惟恐天下不乱，经常喜欢散布和传播一些所谓的内幕消息，让别人听了以后感到忐忑不安。其实他们这样做的目的是为了引起别人的注意，满足一下他们不甘久居人下的虚荣心。他们并不是心地太坏的人，只要被压抑的虚荣心获得满足之后，天下也就太平了。

善于倾听的人，其表现的是支配者的形态，此类人的谈话从不涉及自身的事情，而是涉及他人的某些琐事，或对方的隐私秘闻，甚至对他人的一举一动或每条花边新闻都捏着不放手，这是完全彻底地侵犯他人的隐私。此类人沉迷于闲谈名人或明星风流事的人，同时也说明此类人很难拥有真正的知心朋友。这类人或许是由于内心生活非常孤独，没有生命的激情。一个人过于关心自己不太熟悉的事情，并且非常热心去谈论他们，都是表示他们内心世界的空虚和孤独。

在日常生活过程中，还有一类人，他们无论在怎样的场合，与他人交谈的时候，都习惯把话题引到自己的身上，吹嘘自己当年怎样奋斗的经历。惟恐他人不了解他的光荣历史，而结果，并不像他想象的那样好。实际上，从某个方面来分析这类人，不难发现他是一个对现实不满的人。虽然他没有用怨恨的语言倾诉他自身的想法，相反却用自我表现的方式表达出来。其实，他还不知道这种自我吹嘘的言谈，很难适应时代的变化。或许他是个不折不扣的失败者，完全靠怀旧来生活。

不过，可以看出他的确陷入到某种欲求不满的环境中，或许他的升职途径遭受到阻碍，或者无法适应目前所处的环境。因此，他希望忘却现实，喜欢追寻往事来弥补目前的境遇。

分析一个人内在表现的时候，他的潜在欲望不但隐藏在话题里，也存在于话题的展开方式上。在聚会上，大家彼此正在交谈时，突然有人竟然不顾别人的谈话，而突然插进毫不相干的话题，这是相当令人讨厌的方式。

有些人在与别人谈话的时候，常常会把话题扯得很远，让人摸不着头绪，或者不断地变换话题，让人觉得莫名其妙。这说明此类型的人有着极强的支配欲和自我表现意识，在他的意识中，很少把别人放在眼里，而完全摆出我行我素的模样，让别人都去听从他的主张，以他的意见为主导。

一般说来，一个政府官员或一个企业的领导，都会有滔滔不绝谈话的习惯。其实，透过这种表面的现象，可以看出他担心大权旁落的心理状态。也可以说，他是一个喜欢占据优势地位的人。

话题的内容不断变化固然是个好现象，但谈得离谱，一切显得毫无头绪的样子，那就会使听众感到索然无味。假如他是个普通人，总谈些没有头绪的话题，或者不断改变话题，东拉西扯，那就表示他的思想不集中，给别人留下支离破碎的印象。这说明他是个缺乏理性思考的人。

一个优秀的谈话者，是很少谈及自己的事情的，而是将他人引出来的话题整理、分析，不断地从对方身上吸取有用的情报或观点。在一般情况下，有的人将全部注意力放在倾听别人的谈话上，从性格上来看，这种类型的人容易理解别人的心思，而且具有宽容的精神，有真正的君子风度。

常常使用与英文连接词“and”意义相当的词，如“嗯……还有……”“这些……”、“那些……”等的人，表示他的话不能有条理地叙述，思绪无条理，思考无头绪。但即使使用同样的连接词，经常用的与“but”意义相当的“但是……”、“不过……”的人，一般可以认为其思考力较强。所谓的能言善辩、头脑敏锐的人，就是指此类人。但是假如此种语调反复出现多次，其理论也随之翻来覆去，迫使对方紧随不舍，在不知不觉中被别人牵着鼻子走，就失去了招架之力。

经常使用这种表现手法的人，大多数比较慎重，也正是这个原因，说话时难免会出现时断时续的情况，只好在重新整合之后，才可以继续说下去，这是一种缺乏自信心的表现。

防患小人于未然

对于正大光明前来挑战的对手，我们只需凭实力去应对就行了，然而对于那些躲在暗处的奸猾之人，防备起来恐怕就不那么容易了。如若能够练就在事前识别奸诈之人的本领，则可将伤害降到最低程度。这也就是古人所说的“防患于未然”。

东汉末年，刘备和许汜闲谈。谈到徐州的陈登时，许汜突然说：“陈登这人太没教养，不可结交。”

“你有根据吗？”刘备感到惊异。

“当然有。”许汜说，“我去拜访他的时候，他一点诚意也没有，不但不理人，而且天天让我睡在房角的小床上。”

刘备笑着说：“他这样做是对的。你在外边的名气大，人们对你的要求也就高了。当今之世，兵荒马乱，百姓受尽了苦。你不关心这些，只打听谁家卖肥田，谁家卖好屋，尽想捞便宜。陈登最看不起这样的人，他怎么会同你讲心里话？他让你睡小床，还算优待哩。若是我，就让你睡在湿地上，连床板也不给的。”

刘备的这番话虽然针对的并不是那种奸诈的敌人，然而他所指出的识人方法值得深思。

一般而言，了解人的品行的办法有七种：

一是通过某些是非问题来了解其立场；

二是追根问底地进行追问以了解其应变、答辩能力；

三是通过询问计谋来了解其学识；

四是告诉危难情况和灾祸来了解其胆量和勇气；

五是用酒灌醉后来了解其修养；

六是给予其得到财物的机会以观察其是否廉洁；

七是嘱托其办事以观察其是否守信用。

这七种办法说明，识别人要从各个角度进行。

作为一个负有某种较大责任的人，要想区别下属中谁是小人谁是君子，千万不能靠赏赐和加封晋升来达到目的。要知道，赏赐和加官晋爵是小人所追求的目的，为了达到这个目的，他们是不择手段的，往往会伪装成君子的样子。既然君子之志不在于封赏，那么在君子做出业绩之后，你可以用表扬、激励他的方法，让他感受到你的信任、欣赏，这就足够了。如果过了一段时间，他没有因为你不提拔他而闹情绪，那么说明他具备了真君子的条件。到那时，你尽可以放心大胆地任用他。

小人最擅长的是阿谀奉承，他们这样做的最终目的是为了从执权者身上得到回报，一旦他们取得执权者的信任或任命，就会很快地使自己的羽翼丰满起来。到那时，他们的真实嘴脸就会暴露出来，说不定会对有知遇之恩的人反咬一口。所以凡是诚心要干事的人，一定要留意自己身边一味顺着自己说好话的人，切不可因为他说的都是自己爱听的话就重用他，提拔他，那样做无异于养虎为患。

君子本是品格、道德、学问极高之人，且足以为民众之表率。但是若表面伪装得一副道貌岸然，清高的模样，暗地里却做着违反伦常、伤天害理、阴险狡诈的事情，那便是个令人寒心的伪君子。

小人之为恶是明显易知的事，我们可以心存防范之意。但是伪君子便不同了。他明里是个君子，使我们信任他而疏于防范，但背地里的不义之行反而会使我们所受到的伤害更大。因此而言，识别这类人的必要性，不仅仅在于保障我们猎取成功的行为不受干扰，更在于保障我们最基本的身心安全。

下意识的动作，潜意识的心理

在我们的日常生活当中，会自然而然地产生并形成一些具有某种特定意义的小动作。因为这是在不自不觉中形成的，具有很强的稳定性，因此，很难在轻易之中一下子就能改正过来。改正不过来，就随身携带，这就为我们通过这些小动作去认识、了解、观察一个人提供了必要的方便。

在很多时候，除用语言之外，人们还习惯于用“点头”和“摇头”来表示自己对某一事物的看法，是肯定还是否定。常常习惯于做这样动作的人，虽然很会表现自己，却也很容易引起他人的反感，产生不愉快的情绪，因为这种表示有些时候会被人误以为你是没有真正地用心去听他人的谈话而采用的敷衍的方法，因此需要注意。一般而言，常常摇头或是点头的人，他们的自我意识都是很强的。一旦打算要做某一件事情，就会非常积极地投入其中，并尽自己最大的努力把它朝成功的那一方面促进。

一时忘记了某件事情，冥思苦想老半天也没有丝毫的头绪，但在突然的一个瞬间，想起来了，许多人都会拍一下脑袋，叫一声“想起来了”。还有，对于某一个问题陷入困境当中，一时想不到好的解决办，在突然之间有了灵感，也会做拍脑袋的动作。另外，就是做错了某一件事后，有所醒悟，对此表示十分的后悔，也多会这样做。虽然同样是拍打脑袋，但部位却有不同，有的是拍打后脑勺，有的是拍打前额。拍打后脑勺多是处于思考状态，这种动作的最大目的就是为了放松自己，以想到更好的应对办法，而拍打前额，则多表示事情不管是好还是坏，至少已经有了一个结果。

有些人心里想的、嘴上说的、手上做的常常会很不一致，比如，对于某一件东西，其实他是非常想得到的，但当他人想给予他时，他却进行拒绝。口上拒绝着，但手却在底下接受了。此类型的人大多数比较圆滑和世故，且能十分老练而又聪明地处理各种各样的人际关系，使自己与他人保持和睦的关系。他们不到迫不得已时，是不会轻易地得罪别人的，即使得罪了，也会想方设法地去弥补，使之有挽回的余地。

常常触摸自己头发的人，其个性大多数非常鲜明而又突出的，他们是非善恶总是分得相当清楚，且不肯有一点点的马虎和迁就。他们具有一定的胆识和魄力，喜欢标新立异，去做一些比较刺激、别人不敢做的冒险的事情。有此习惯的人会不时地取笑和捉弄他人一番。应该承认他们当中有一些人的文化素质和修养并不是特别高，但并不是绝对和全部的人都这样。

一般而言，他们有比较良好和稳定的人际关系，为人处世比较慷慨和大方，不会太斤斤计较，因此，很容易赢得人心。这种人多比较有心，能够通过生活中的某一个细节来寻找和制造机会以发展和完善自己。

习惯用腿或脚尖使整个腿部颤动，有时还用脚尖或者以脚掌拍打地面，这样的人多很懂得自我欣赏，有一些自恋情结。但他们比较封闭和保守，在与人交往中会有所保留，并且不太容易与他人建立良好的关系。

在与人交谈时，几乎总是伴随着一些手势或动作，以对所说的话起解释、强调和说明、补充的作用，如摊开两手、拍打手掌心，等等。

一般来讲，此习惯的人，自信心都很强，具有果断的决策力，凡事说做就做，有一股雷厉风行的洒脱劲儿，很有气势。他们大部分属于比较外向型的人，在什么时候都极力想把自己打造成为一个核心的人物。

在抽烟的时，喜欢吐烟圈的人，一个比较突出的特点就是占有和支配欲比较强，凡事喜欢我行我素，不被管制。大多数性格比较外向，乐于与人交往，并且够仗义和慷慨，凡事不太计较，只要能说得过去就可以了。因此，这样的人多容易得人心，在他周围总是团结着一些人，其性格在整体上大致如此。另外，还有可能通过他吐烟圈的形状看出其对某一事物状况的态度是积极的还是消极的。假如烟圈是朝上吐的，说明他的态度是积极的，充满了自信，反之，是表示态度比较消极，没有多大的自信。

在很多时候，习惯摊开双手的动作，意在表示很为难、很无奈，它似乎在告诉别人“我也无能为力，没有好的办法，你让我如何是好啊”的意思，同时可能还伴有耸肩的姿势，这从某一个侧面说明了这是一个比较真诚、坦率的人，当自己无能为力时，可以直言相告，而不是虚伪地去努力掩饰。

在与别人交谈交往的过程中，自然地解开外衣的纽扣，或者干脆把外衣脱掉，此动作表示这个人在很多时候是相当真诚和友善的，说明他对交谈、交往的对象并没有持太多虚伪的礼节，因为在一定的场合，这样的动作极有可能会被误以为是对对方不尊重、不礼貌的行为，而他没有过多地注重这些，显然是并没有把对方当作是外人。至于那些一会儿把纽扣扣上，一会儿又解开的人，给人的感觉似乎就不太舒服。而这样的人又大多较意志不坚定，做事犹犹豫豫，迟疑不决，缺少果断的作风。

双手叉腰这大多数是在十分气愤时所表现出来的一种动作，这种人的性格中多含有比较执着的一面，凡事追求完整和清楚，而不会在没有完全解决或弄清楚的时候就半途放弃。有时也可以是自己作为一个旁观者，观察某一件事或某一个人，含有一定要看个结果的心理。当一个人用手摸后颈时，多是出现了悔恨、懊恼或是害羞的心理情绪，这种人性格多是比较内向的，遇到某些事情时，常会以一些动作来掩饰自己的情绪。

通过琐事读懂他人的内心

生活中总是存在着种类繁多的事情，它们有时候会给人带来许多烦恼，甚至破坏人与人之间的感情，但这是生活中不可避免的。当然我们还可以通过琐事读懂一个人的内心。

喜欢打电话的人大多是性格比较外向，健谈、乐于与人交往的。他们做事比较干脆利落，不会占用做其他事情的时间和精力来做这一件事情。这种类型的人，往往智慧不足，他们时常需要他人帮自己出主意。在面对一些比较重大的事情时，非常希望得到他人的鼓励和支持，才有勇气做出决定。

喜欢打扫房间的人，希望自己的生活每一天都过得充实、有意义。他们对自己的要求往往非常严格，绝对不容许自己放纵或偷懒。他们的生活节奏相当快，一件事紧接着一件，似乎永远也没有做完的日期。但他们又能把这一切安排得恰到好处，而不至于显得混乱不堪。

喜爱阅读的人，多比较认真和仔细，一件事情，决定要做，就会集中精力、专心致志地把它做好。一般情况下，他们都有比较强的组织纪律观念，对一些纪律要求，会主动认真地遵守。随机应变能力比较强，一件事情，可能在做的过程中会出现一些不尽如人意的地方，但最后还是会顺利地完成。

喜欢吃零食的人，在意志上可能会不太坚定，时常进行自我妥协，并且不断地找理由和借口安慰自己。

喜欢睡觉的人，从某种程度上讲比较软弱，缺乏积极主动性，不想通过先改变自己然后再改变自己所处的境况，通常总是把希望寄托在外界。只有在外界环境改变以后，自己才能寻求改变。他们非常善于寻找理由和借口为自己开脱，以推卸责任。

喜欢看电视的人，这些人当中，有一部分属于不切合实际、富于幻想类型的人。他们的绝大多数时间都是在白日梦中度过的，总是有着各种各样的美好的想象，但却不肯付诸行动去实现。

什么事都要做，整天忙得团团转的人，他们的心思多较缜密，常会观察到他人忽略的细节。他们对他人并不会轻易相信，什么事情，只有自己亲自做了，才会觉得放心，所以他们会成为许多人依赖的对象。他们有很强的责任心，总是为他人操心而忽略了自己。

衣服是
思想的形象

郭沫若曾说过："衣服是文化的表征，衣服是思想的形象。"一个人的穿着风格，不仅衬托其容貌、气质与风度，更反映了其自身的素质与修养。穿着风格是一个人内在美的一种外在表现形式，它是一种不出声的物体语言，它可以传递人的心态、性格、爱好及身份等多方面的信息。

喜欢朴实服装的人：坚韧、有计划，但运数不佳

政府官员和银行职员等，大概是由于职业的关系，大多喜欢穿朴实的衣服。这类人从表面上看也是朴实的。这类人大部分属于体制顺应型。在朴素当中，也有一些豪华的特征。而且，他们在自己的容姿上也有相当的自卑感。

平时喜欢朴实服装的人，但在某个豪华的场合上，你却看到他盛装而入，这种人就要引起人们的警觉了。这类人可能十分单纯，也可能颇有心机。他对金钱的欲望非常强烈，对别人的批评也非常在意，很难接受别人对他的意见，对这类人奉承是上策。

穿着朴素衣服的人向来非常小心，任何事情都有计划性，并且以注意诚实不欺者为多。另一方面，这种人外表看起来诚实，其实对酒色特别着迷，以致家运不好。应付这种类型的人，不要显示攻击心。其次，这种类型的人人情味非常浅薄，是重视现实的人。

喜欢粗糙风格的人：特立独行型

粗糙风格就是不打领带的人，这种人像"一只狼"，喜欢独来独往。

在穿着上喜欢不修边幅的人，大都是活力四射的精力旺盛之人。

这类人不喜欢久居人下，喜欢领导他人做事，其用人的手法一般不是很高明。这种人不适合从事薪水阶层的工作，大多数人都是脱离薪水阶层，单独到社会中去做生意或自由闯荡。

因由某种职业特点的限制，许多人被迫打起了领带，假如一位主管有意无意对下属提起对打领带的看法，如果他回答是不喜欢打领带，那么就可能说明他对现在的处境不满意，有另起炉灶的意图。

喜欢穿白衬衫的人：缺乏爱情，清廉洁白，是个现实主义者

其性格特征是缺乏主动性、判断力和羞耻之心。他们在色彩感觉上、在扮装上都非常优秀；相反的，不论对什么服装，只要穿上白衬衫都能相得益彰。白色确实与任何颜色的服装都能搭配吻合，关于这一点没有什么异议。同时，白色是表示清洁的颜色。

白色与任何颜色都能搭配的优点，当然也能给人一种亲切感，但这种形态的人“穿什么都可以”，就是说对服装不受拘束，在性格方面是属于爽直派的。

这类人容易自以为是。对于自己喜欢从事的工作，他会一意孤行地追求和实现。在生意场上，往往是个躁动分子，极有可能与他人起冲突，随时有动干戈的事发生，在交际场合，遇到这类穿着的人要有戒备之心。他们总会为自己的失误找出各种借口，没有什么话题可言，除重要的事交涉后，关于酒色话题一般不参与言论。有喜好穿白衬衫习惯的人，总是以工作为人生的支点，是不折不扣的现实主义者，对工作有一贯认真的态度。在茫茫众生中，总有一些脚步匆匆、马不停蹄的人，他们享有较高的社会地位，为了维持自己的“白领”形象，他们无时不在为工作做出努力，他们是上司眼里的精英、下属心中的怪物。

喜欢穿黑色服装的人：爱憎分明，但个性非常温厚

此种类型的人的性格特征是：对别人的态度不温柔，很难接近。但假如了解了他的心理之后，你会发现他是个非常有趣的人。这类人性格通常多是温柔善良，为人忠厚，且具宽容的气度。在商场上遇到这类人时，你必须对他持诚实的态度。他让你办的事儿，能够办到的话，你一定要立刻付之行动，让他从实际中了解你，然后成为他的朋友和合作者。

对人依赖心非常强，是喜欢穿黑色服装人的短处。这种类型的人在性格上不喜欢半途而废，任何事情都要彻底弄明白，看起来好像是个乐观的人，实际上是为了隐蔽某一点，因此，花费很多心思来表现大方之处。这种人实质上有纤细神经的一面，经常处于着急状态。

喜欢穿粗直条整套西装的人：对自己没有信心

这种人的特征是流行时尚的发烧友。由于对自己没有信心，又恐怕被别人发现，或者因为情绪上的孤独不安时，才会穿上粗直条整套西装。

与这种类型的人接触时，绝对不能攻击对方的缺点。如果言谈之间的内容不假思索的话，会受到对方的攻击，因此，需多加注意。

对这种人不要多讲话，按照对方说话的语气去调整，尽量不要指责其缺点，并且要不时地夸赞他。这种类型的人性格有点类似女性。实质上这种人头脑非常单纯，所以，你应当避免去激怒对方。

喜欢舶来品的人：有自卑感，但善于奉承人

对于喜欢这类穿着习惯的人，绝不能轻易从外表上判断其为人。

有的人在任何场合都喜欢从上到下都是舶来品的装扮，这类人大多都冷酷无情，即使外表看起来非常密切的人，事实上他们之间的关系，肯定不乏利害关系联结着。

这种人对生意上的事情非常敏感。当自己处于不利地位时，会立刻寻找外援，而一旦失手，则会诿过于人，对于这类人，要有警惕性。

穿着马虎的人：缺乏机密性、计划性，但有实行力

在穿着方面有非常马虎习惯之人，他们的特性就是与众不同。这类人通常富有行动力，对工作抱有热忱之心。假如在同事或晚辈之中有这种类型的人，对你而言，并不是件好事，这类人虽然富有行动力，得意之时，他会高踞在上，失势之时，他又畏缩不前，是一类非常麻烦的人。

这类人，一旦下决心从事某项工作，就会一贯如注，有始有终。如果你和这类人相处的时候，一定要掌握分寸，有距离的尊敬，因为他听到异己之言便会恼羞成怒，对于这类人，不宜采取责备的口吻或刺激性语言，让他对你造成不必要的妨碍。如果你必须与这类人打交道，你就要学会使用自己的头脑和一定的手段，尽量别招惹他生气，这类人比较注重连带关系和相同意识。

酒过三巡，识人更易

交际场合，喝酒是不可避免的，有些人一喝酒即判若两人，有些人则依然故我。常见的是酒后话多、吵闹。仔细观察酒后百态是非常有趣的事情。一个人若能掌握自己的酒癖，就可以更加理解自己是个什么样的人。为了让他人理解自己，也有必要掌握自己的酒癖。

喝了酒老是喋喋不休、“痴痴”地傻笑的人性格内向，平时沉默寡言、彬彬有礼，一旦喝了酒就喋喋不休，不时露出真感情，这种人平时的人际关系一定是处于紧张状态中。

这种类型的人，一般都有韧性，一丝不苟，重视秩序，对于长辈必是采取毕恭毕敬的态度。对于其他人也是很认真的，绝不会开玩笑，总之，是个“正经八百”的人。但是，这种类型人的精神压力比较大，因此，会借酒来缓解其精神压力。

反过来说，此类型的人不是借酒来发泄的话，压力就会积蓄在身体内。因此，当知道自己喝了酒就喋喋不休的毛病的时候，就尽量地不要一个劲儿地工作，需培养一些轻松的兴趣，平时要让自己过得乐观点。

性格外向的人平日很活泼，具有行动力，是受大家信赖的人物，一旦喝了酒，反会很安静、很沉默的话，表示其强烈地想扫除自己的判断，才会有这样的行动。在其心底深处，有着“现在我觉得一切还算顺利，但如果我就任此下去的话，难道就不会出问题？以后的情况我也许无法把握得住”的不安，而其心中的迷惘就会借酒发泄出来。

到处活动，猛敲猛打，动作很大的人，性格刚烈，反抗心极强，有强烈的欲求不满或强烈的自卑感。这样的人不喜欢配合他人的行动，假如强要他们配合他人来行动，就会出现一定的挫折感，而他们会借酒来发泄，如摔杯子、摔椅子等。他们常常会做出让周围人吃惊的事情。

喝了酒爱触摸异性身体的人比较有城府、有心计，爱想入非非，见异思迁，爱发牢骚，此种人因不满于无法以“心”和异性接触，遂用“物理性的接触”来填补其空虚。当对性事感到衰弱，或自己的欲望无法适当地发泄，或在金钱方面、工作方面不顺自己的意时，即心中有不平、不满时，多会做出此种举动。

醉了就会哭的人性格内向，感情炽烈，待人接物放不开，常常压抑自己。既热情又浪漫，具有强烈的自我意识，常常过分压抑自己强烈的感情。

喝了酒爱唱歌的人性格开朗活泼，自信，很有活力，极富冒险精神，随和，既有社交能力又喜欢照顾人，是把工作和私生活分得很清楚的人。此种人很有发展前途，很值得信赖且不惧失败，是会把自己的技术和个性发挥在工作上的人。但如果是属于在卡拉OK厅里拿到麦克风就不交给他人的类型的话，就另当别论了，这种人多是有着精神压力的人。

喝了酒喜欢跟人吵架的人性格外向，刚直，疾恶如仇，有情有义，爱打抱不平，乐于交各种朋友，喜欢帮助弱者，可以说是具有强韧行动力的热血汉子型人物。

喝了酒呼呼大睡的人性格内向、意志薄弱，心思比较缜密，优柔寡断，待人接物很放不开，没有主心骨，依赖性强，没有创新的激情。可能是因为白天把太多精力花在注意周围事物上的缘故吧。

喝酒时老劝他人的人性格外向，善于交际，虚荣心强，希望对方和自己是相等的，属于保守且防卫本能强的类型。若是热心地劝异性(尤其是女性)喝酒，则是对异性有强烈的憧憬和具有支配欲的人。他们不会把自己的想法强加给他人，而会尊重对方的立场，是思想很有弹性、很体贴的人。

喝酒时不断喊“干杯”的人性情冷漠，颇有心计，十分注意自身的仪表。听他的话语好像很懂事，其实却很固执，看起来很和蔼可亲，其实性格很冷淡的人物多有此种酒癖。

喝得再多也跟平时一样的人性格内向，很有城府，谨慎认真，不太会暴露自己的缺点，因而有比他人强一倍的警戒心。总之，可以确定的是，此种人皆具有“小心翼翼”的性格。

喝到可能醉酒时就不喝了的人性格随和，心地善良，待人真诚，为人处世极有分寸，很会处理各种人际关系。他们喝酒绝不是为了一解口瘾，而是借着喝酒营造很愉快的气氛，这种类型的人富于协调心，在团体中最擅长赢得众人的协助。

有特殊酒癖的人具有双重性格，有时过于内向，有时又过于外向，性格很独特。

不可忽视的“脚语”

英国心理学家莫里斯经过研究发现了一个十分有趣的现象：人体中越是远离大脑的部位的动作，越是可能表达其内心的真实感情。脚离大脑的距离最远，因此，脚的动作能够泄露人们独特的个性信息。

行为学家明确指出：“在一般情况下，要判断对方的思想弹性如何，只要让他在路上走走，就可以基本了解了。”一个人的心情不同，走路的姿势也就不同。人们的秉性各异，走起路来也有不同的风采。

除了走路，在其他场合下的“脚语”也能表露出某个人的心理活动。例如，一些参加面试的人，虽然他们冷静地坐着，表情轻松，面带微笑，肩膀自然下垂，手的动作和缓，看似雍容自若。但你看看他的脚，两只脚扭在一块儿，好像在互相寻求安全感。他的两脚分开，几乎不为人所察觉地轻轻晃动，好像想逃走。最后，他们又两腿交叉，而且悬空的一只脚一上一下地拍动。虽然坐着没动身，但是两只脚却泄露了他们想脱逃的意愿。

因此，可以说，在泄露人的心理活动这一方面，脚是全身最诚实的部位。可惜很多人都顾不上或不注意观察这个部位，对这方面的知识也缺乏了解。

走路低头的人沮丧

有的人走路的时候总是拖着步子，把两只手插进衣袋里，头常常低着，不知道自己最终要去哪里。这样的人往往是碰上了难以解决的问题，到了进退维谷的境地。很多快要走入绝境的人常常有这样的表现。

走路前倾的人谦虚

有的人走路总是上体前倾，而不是昂头挺胸。这种人的性格比较内向和温和，为人比较谦虚，一般不会张扬，很注意严格要求自己，很有修养。

走路沉稳的人务实

有的人走路从来都是不慌不忙的，哪怕碰到了最重要最紧急的事。这种人办事历来求稳，无论做什么事情都要“三思而后行”。这样的人比较讲究信义，比较务实，一般来说，工作效率很高，说到做到。

走路两手叉腰的人急躁

有的人走路两手叉腰，上体前倾，就像一个短跑运动员。他们可能是一个急性子，总希望在最短的时间之内跑完急需走完的路程。这种人有很强的爆发力，在要决定实施下一步计划的时候常常会表现出这样的动作。

喜欢踱步的人善于思考

就姿态而言，这是非常积极的姿态。但是旁人可能对踱步者讲话，因而可能使他思绪中断，并且干扰到他正想做的决定。多数成功的推销员了解：要让踱步的顾客单独思考是否决定购买自己所推销的商品，不要去打扰他，这点是很重要的。当他想要问问题时，他们才让他停止踱步思考。有许多成功的谈判乃至于一方咬着舌头不吭气，让另一方继续决策行为，在地毯上踱方步。

高抬下巴走路的人傲慢

有的人走路的时候，下巴高高地抬起，手臂很夸张地来回摆动，腿就像高跷一样显得比较僵硬。他们的步伐常常稳重而迟缓，好像刻意要在别人的心目中留下深刻的印象。这种人非常傲慢，如果不想与这样的人对抗，在他们的面前最好表现得谦虚一点。

漫步的人外向

有的人走路就像玩儿似的，一点儿也不规范。这种人与喜欢踱步的人正好相反。他们属于外向型的人，对周围的一切事情都感兴趣。这样的人对什么事情都不会很认真，可以接受各种各样的意见。人们称之为曲线型的人。

泄露人的心理活动这一方面，脚是最诚实的部位，所以对此加以了解很有必要。

透过办公桌识别他人

每个人在工作时都有属于自己的一张办公桌，那么在这张办公桌上，假如能够仔细观察的话，也可以发现其很多的秘密，这些秘密究竟是什么呢？这就要从办公桌所呈现出来的种种表象，观察一个人到底是属于什么样性格的。

抽屉与桌面大都是乱七八糟的人，他们待人多非常的亲切和热情，性格也很随和，做事一般仅凭自我的喜好与一时的冲动，二分钟热血过后，可能就会自然而然地放弃。他们缺少深谋远虑的智慧，不会把事情考虑得太周密，也没有什么长远的计划。生活态度虽积极乐观，但太过于随便，不拘于小节，常常是马马虎虎，得过且过，但是他们的适应能力较一般人要强一些。

抽屉和桌子都像是垃圾堆，找一样东西，经常要翻老半天，把所有的东西都翻个遍，到最后可能还是找不到，这样的人工作能力比较差，效率也很低，他们的逻辑思辨能力相当的糟糕，也多缺乏足够的责任心。

无论是办公桌的桌面上，还是抽屉里，都摆放的整整齐齐，各种物品都放在该放的位置上，让人看起来有一种非常舒服的感觉，这表明办公桌的主人办事效率很好，且他们的生活也有一定的规律，该做什么事情，总会在事先拟定一个计划，这样不至于有措手不及的难堪。他们中多数有一些很高的理想和追求，并且一直在为此而努力。但是他们习惯了依照计划做事，所以，对于一些意想不到的事情，常常会令他们感到不知所措。在这一方面，他们的应变能力显得稍微差一些。他们很懂得利用自己的时间，能够精打细算地用不同的时间来做更有意义的事情，而不是浪费掉。

习惯在抽屉里放一些具有纪念意义物品的人，大多数性格是比较内向的。他们不太善于交际，因此朋友不多，但仅有的几个却是十分要好的。他们很看重和这些人的感情，所以会格外的珍惜彼此之间的友谊。他们具有一些怀旧情结，总是希望珍藏下一些美好的回忆。但他们比较脆弱，很容易受到伤害，而且做事也缺少足够的恒心和毅力，常常会在挫折和困难面前不战而退。

不论从桌面上来看还是看他们的抽屉里，所有的文件都按照一定的次序和规则放好，整齐且干净，这样性格的人，组织能力也较强，工作有一定的条理性，办事效率一般比较高，而且具有较强的责任心，凡事都小心谨慎，以免失误的发生，态度相当认真。这样的人虽然可以把属于自己的工作做得很好，但是有一点墨守成规，缺乏冒险精神，所以不会有什么开拓和创新。

桌面上收拾得非常整洁、干净，但抽屉里却摆放的乱七八糟，这样的人虽然有足够的智慧，但往往不能够脚踏实去做事，善于耍一些小聪明，在表面工作上做些文章。表面上看来，他们有比较不错的人际关系，但实际上，却没有几个人是可以真正交心的，他们也是很孤独的一群人。他们的性格多比较懒惰、散漫，为人处世并不是十分可靠。

各种文件资料总是这里放一些，那里也放一些，没有一点规则，并且轻重缓急不分，这样的人大多做起事来虎头蛇尾，总也理不出个头绪来。他们的注意力经常被一些其他的事情分散，从而无法集中在工作上，自然也很难做出优异的成绩。他们也想改变自己目前的这种状况，但是自我约束能力很差，总是向自我妥协，过后又后悔不迭，可紧接着又会找各种理由来安慰自己。

妆容
彰显性情

俗话说："爱美之心，人皆有之"，尤其是女人，天生就对美情有独钟。但毕竟一个人的容貌是天生的，怎样才能看上去更漂亮呢？这就需要化妆。事实上，一个女人化什么样的妆，从某种意义上说也就是她性情的外露。

从不化妆的女人不肤浅，她们更在乎的多是"清水出芙蓉，天然去雕饰"，她们追求的是一种自然美。这类女人对任何事物都不局限在表层的肤浅的认识，而是更看重实质的东西。在她们心里有非常强烈的平等观念，并且不断地追求和争取平等。

喜欢时髦妆的女人城府不深，她们对新鲜事物的接收能力往往是很快的，但常缺少属于自己的独立的个性。她们缺少必要的对未来的规划，更热衷于今朝有酒今朝醉。她们不知道节省，自我表现欲望强烈，希望自己能够引起他人的注意，城府不是特别深。

喜欢浓妆的女人前卫，她们自我表现欲望强烈，总是希望通过一种比较极端的方式吸引他人，尤其是异性更多关注的目光。她们的思想比较前卫和开放，对一些大胆的过激行为常持无所谓的态度。她们为人真诚、热情和坦率，虽然有时会遭到一些恶意的攻击，但仍能够尊重他。

喜欢自然妆的女人单纯，看起来非常自然的妆，这一类型的人，她们多是比较传统和保守的，思想有些单纯，富有同情心和正义感。但不够坚强，在挫折和打击面前常会显得比较软弱。为人很真诚，从来不会怀疑他人有什么不良动机。

长时间喜欢以同一模式化妆的女人现实，从很小的时候就开始化妆，并且多年来一直保持着同样的模式，这一类型的人多有一些怀旧情结，常会陷入到过去的某种回忆当中，享受往昔的种种，但也能很快地走出来。她们比较现实，能够尽最大努力把握住目前所拥有的一切。她们为人真诚、热情，所以人际关系不错，有很多志同道合的朋友。她们很容易获得满足，但是有一点儿跟不上时代的潮流。

喜欢长时间化妆的女人有毅力，用很长的时间化妆，这一类型的人是完美主义者，凡事总是尽力追求达到尽善尽美。为了实现自己的目标，她们可能会付出昂贵的代价，但并不怎样在乎。她们大多有很强的毅力。她们对自己的外表并没有多少的自信，所以在这方面会花费大量的时间、精力甚至是财力。但由于她们过分地加以强调外在的形象，总会给人造成一种相当不自在的感觉。

喜欢异国色彩妆的女人向往自由，喜欢化异国色彩比较浓重的妆的女人，她们大多有比较丰富的想象力，身体内有很多艺术细胞，希望自己能够成为一个艺术家。她们向往自由，渴望过一种完全无拘无束的生活。她们常会有许多独特的让人吃惊的想法，是个完美主义者。

任何时候都不忘化妆的女人不自信，无论在什么时候，哪怕是出门到信箱里去拿一封信或是一份报纸也要化一化妆的女人，她们大多对自己没有自信，企图借化妆来掩饰自己在某一方面的缺陷。她们善于把真实的自己掩蔽起来。

化妆特别强调某一部位的女人自信。在化妆的时候特别强调某一部位的人，她们多对自己有相当清楚的认识，知道自己的优点在哪里，更知道自己的缺点在哪里，尤其懂得如何扬长避短。她们多对自己充满自信，相信经过努力一定能够实现自己的理想。她们很现实和实际，并不是生活在虚无缥缈的幻想中的一类人。她们在为人处世等各个方面都非常果断，并且能保持沉着、冷静的态度。

喜欢淡妆的女人聪慧。喜欢化淡妆的女人，她们追求的目的是看起来说得过去就可以了，并不要特别地突出自己，这一点与她们的性格是很相符的。她们的自我表现欲望并不是特别的强，有时甚至非常不愿意让他人注意到自己。这一类型的人有很多都是相当聪明和智慧的，也会获得一定的成就。她们拥有自己的绝对隐私，并且希望能够在这一点上得到他人的尊重和理解。

无规矩 不成方圆

9

年轻人想要在社会上立足，就必须能应对各种场面上的事。没错，场面上很多规矩的确是形式大于内容，但你不能对此嗤之以鼻，以为无足轻重，这是一种极其单纯无知的想法，恰恰相反，这些形式很大程度上就代表着你人际交往和办事的能力。所谓成熟和单纯的区别大抵就在于此。

学会说场面话，更有利你的人际关系

场面之言并不是一种虚伪，更不是一种欺骗，而是一种必要的应酬。一个想在想要在混出点名堂来的年轻人，必须学会它。哪怕不能出口成章，最起码也要能简单地应付几句。

从学校毕业后，一踏入社会，应酬的机会就多了，这些应酬包括去人家做客、赴宴、会议及其他聚会等。不管你对某一次应酬满不满意，“场面话”一定要讲。

什么是“场面话”？简言之，就是让主人高兴的话。既然说是“场面话”，可想而知就是在某个“场面”才讲的话，这种话不一定代表你内心的真实想法，也不一定合乎事实，但讲出来之后，就算主人明知你“言不由衷”，也会感到高兴。说起来，讲“场面话”实在无聊之至，因为这几乎和“虚伪”划上等号，但现实社会就是这样，不讲就好像不通人情世故了。

“场面之言”是日常交际中常见的现象之一，而说场面话也是一种应酬的技巧和生存的智慧，在人世间生存的人都懂得去说，也习惯于说。这并不是罪恶，也不是欺骗，而一种必要的应酬。

从大的方面来说，场面话有两种。

一是当面称赞他人的话，如称赞他人的孩子聪明可爱，称赞他人的衣服大方漂亮，称赞他人教子有方等等。这种场面话所说的有的是实情，有的则与事实存在相当的差距，有时正好相反，而且这种话说起来只要不太离谱，听的人十有八九都感到高兴，而且旁人越多他越高兴。

二是当面答应他人的话，如“我会全力帮忙的”、“这事包在我身上”、“有什么问题尽管来找我”等。说这种话有时是不说不行，因为对方运用人情压力，当面拒绝，场面会很难堪，而且当场会得罪人；对方缠着不肯走，那更是麻烦，所以用场面话先打发一下，能帮忙就帮忙，帮不上忙或不愿意帮忙再找理由，总之，有缓兵之计的作用。

所以，在很多情况下，场面话我们不想说还不行，因为不说，会对你的人际关系造成影响。

那么，如何说好场面话呢？

去人家做客，要谢谢主人的邀请，并盛赞菜肴的精美丰盛可口，并看实际情况，称赞主人的室内布置，小孩的乖巧聪明……

赴宴时，要称赞主人选择的餐厅和菜色，当然感谢主人的邀请这一点绝不能免。

参加酒会，要称赞酒会的成功，以及你如何有“宾至如归”的感受。

参加会议，如有机会发言，要称赞会议准备得周详……

参加婚礼，除了菜色之外，一定要记得称赞新郎新娘的“郎才女貌”……

说“场面话”的“场面”当然不只以上几种，不过一般大概离不了这些场面。至于“场面话”的说法，也没有一定的标准，要看当时的情况决定。不过切忌讲太多，要点到为止最好，太多了就真的虚伪而且令人肉麻。而且说场面话时，最好靠事实来发挥，不要无中生有，否则会弄巧成拙。

总而言之，“场面话”就是感谢加称赞，如果你能学会讲“场面话”，对你的人际关系有很大的帮助，你也会成为受欢迎的人。

其实，说“场面话”的重要性很容易理解，只要把你换个角度，把自己想象成主人就知道该怎么做了。

礼多人不怪

在场面上，礼仪带给人的是喜爱和尊重。一个不管和谁打交道，总能待之以礼的年轻人，总会给人留下一个美好的印象。而那些思想单纯行为粗卑的人大多会遭人白眼，甚至是唾弃。

不论对待任何人，以礼待他，恭礼有加，恰到好处，久而久之必然使他心悦诚服。古语说：恭敬无礼则徒劳。谨慎无礼则畏惧。勇猛无礼则谋乱，正直无礼则绞乱。如果你对待人们无礼，他们就会以耻于人的无礼加于你。施礼于人的人所以自礼，怠慢于人的人所以自慢。讨厌他们的人所以自恶，尊敬他人的人所以自尊。凡是自己强加于人的东西，人们自然会反加于自己。

礼并不是那些时髦学者所说的迂儒超世的学说，不合乎现实的高谈阔论，也不是腐朽之物。所以各朝各代，都有礼的起因，都有礼的增减，谁也不例外。

礼的本质，是自内心而生发的，然后表现在外部，而又是从外制、外炼而又归向内正的东西。这样内外双制，使所有的道德行为，通过日常生活而逐渐变成一种习惯与行为。这种习惯与行为，通过很长的时间，逐步成为一种自然的本能行为，不必去勉强做作。

礼多人不怪是人之常情。某人是大企业老板，高级职员去见他，他不但坐着不动，也不屑回你一声某先生，而且不肯注视对方的陈述，对方只好站在旁边说话，真是架子十足。有时不高兴，认为对方说的话不对，他始终不开口，好像听而不闻，视而不见，对方落得一场没趣，只好愤然退出。他对高级职员尚且如此，对待其他下属，便不问可知。对待朋友，也是似理不理的神气，实在令人难受。当他得势的时候，大家只好背后批评，当面还是恭维，还是奉承，心里却是反对他。后来，形势逆转，攻击他的人非常多，许多能干的人才都跳槽了，他的公司也衰落了下来。

人在社会，多礼是一件必要的工具，礼是人为的，是后天的，刚迈入社会的年轻人必须用心去学习，力求成为习惯，多礼便十分自然了。

一般说来，无礼的行为往往是刻意忽视礼仪，以傲慢的态度，视身份低下的人为愚者。这种行为最后必然会招致无数的敌意。

不能和悦地对待身份地位低下的人，且一味地将注意力倾注于名人，或是特别出色的人——地位高、特别美丽、人格高超的人身上，如此的态度，连最基本的礼貌也谈不上。

对待至亲好友、熟人也应以礼为先。

亲密的友谊，可以不拘礼节，此乃理所当然。此种关系事实上亦能带来私生活的安定。但是，话虽如此，并非就此容许随意地想说什么就说什么，或是净说些自己喜欢的事物，不理会他人的反应，那么即使是好朋友之间的快乐话题，也会很快的褪色。

漠然的话语可能无法打动你的心弦，因此在这里试举一桩极端的例子：假设甲与乙同处一室。甲以为自己做任何事都是被允许的，而乙则认为想要些什么都可以获得。那么，甲是否会认为在两人之间，什么事都不必操心？或是，甲是否一点也不会想到这个问题？

无论彼此的关系如何，都必须保持某种程度的礼节。万一自己在别人说话的时候，一直在想其他事，而且在别人面前大打呵欠，甚至发出鼾声，露出粗鄙不堪的模样，除了自己会觉得此种野蛮行为可耻外，定然也会觉悟到那个人将离自己远去。就因如此，所以无论多亲昵的友谊，如果不想加以破坏，持续长久，就必须保有某种程度的礼节。夫妻之间(男女朋友亦是)，如果一天到晚生活在一起时，完全舍弃所有的顾忌、藩篱，将会演变成何种局面呢？即使再和睦的伙伴，也会变得只是单纯的习惯对方的存在，进而互相的嫌恶，互相的轻视。

有句古老的格言是这么说的：只有能赢得民心的国王，才会拥有最安泰的国家，才是持续保有权力的国王。大臣的衷心诚服，强过任何的武器；而大臣的忠诚与敬爱，比任何武器更有功效。处世交往的情形又何尝不是这样，无论对谁，都待之以礼，能赢得人心便可说是掌握有了无与伦比的力量。

有礼有节
是修养

言行举止上的细节是一个人素质和修养的表现，优秀的人大多也是注意细节的人。

有时候，一个很小的动作或礼貌习惯都有可能影响到你场面上的形象。所以，在任何场合，都要注意礼貌待人，这样才不至于因小失大。行为礼貌是必需的，它是你办事成功与否的前提之一。

王远是一个软件公司推销员，他与中关村一家电脑公司业务往来比较多，其他方面也比较好，可就是有一个开关门不太礼貌的毛病。一天，他由于业务原因，多次进出此公司，终于引起了对方忍无可忍的批评。

"你小子，怎么办事呀？有意见提嘛！你怎么开关门那么用力，我怎么说你才能记住呢？难道非骂你一次才行吗？小王，以后一定要注意！"

王远自认为公司与对方关系非常好，也自认为与对方公司的职员关系不一般，因而注意不够，忽略了开门关门这类看似简单却十分重要的礼仪。结果给人一种不讲礼貌、粗暴的印象，最终会遭到对方直言不讳的批评。

所以，即使对方是自己的老主顾或比较熟悉的受访公司，也要多加注意。因为自己与对方比较熟悉，一般人往往不再约束自己，放松了对自己的要求，不太注意礼节了，从而易造成与上述例子类似的情况。

吴松云是一电器公司的推销员。他去拜访客户时，大声而粗暴地开门习惯影响了客户对他的第一印象。

对方的接待人员或秘书将他带领到会客室中，他心里还在想如何在见到对方时给对方一个好印象。可是秘书已经将他开门不礼貌的信息传达给老板。

“老板，客人来了。”

“哦，他还挺准时的，我马上去，我准备准备，他是什么样的人呢？刘小姐，谈谈你的第一印象。”

“老板，不好说。看他衣冠楚楚，时间也准时，可他开门的声音太大了，显得粗暴、不太礼貌。”

“哦……”

老板这样“哦”了一声，可能便决定了会谈的失败，轻者则影响会谈的效果。这样在未见面之前便让别人对你带着一种看法，给对方一个不好的印象。

礼貌待人，这个道理许多人都很清楚，也很明白，也时常这样来要求别人，可自己做起来却并不一定就完美、轻松。这是一个习惯问题。所以我们必须从平时的一点一滴做起，加强修养，同时更重要的是小心谨慎地来培养好的习惯。

有的人时常或不小心“嘭”的一声把门推开或关上，发出大的响声，给人的印象不是开门或关门而是在撞门，这是极不礼貌的人。所以开关门用力要轻些，用力过猛便会使房门碰撞墙壁发出大的声响。但也不能用力过小，半天开不开，而给人一种畏畏缩缩、鬼鬼祟祟的不良印象。因此，对开门关门动作的轻重，可以看出一个人修养、内涵和水平来，也反映了一个人的精神面貌，更重要的是，直接影响到对方对自己的印象好坏，所以要格外注意。

拜访之前，应想好自己开门、关门的方式与动作，尽可能礼貌些。当然，也没有必要太紧张，表现得太过拘谨，最好是形成好的习惯。古语说得好：“习惯成自然。”原则上应不管是以何种方式开门，在打开时，以自己能自由进入的程度为宜，不要太小，也不可太大。

人的坐姿也是十分重要的。为了给对方一个良好的印象。表现出自己的修养，一般宜端正姿势，静静地坐下，以等待对方的接待为好。比如：坐在椅子上，自然大方一些，把双手放在扶手上，不紧不松，力求自然舒服。双脚也不可开得太大，不要右手拿着烟，跷着二郎腿，口里吐着烟雾，一副满不在乎的样子。

另一个是位子问题。切忌不可坐在主位上，而应坐在侧面的位子上。因为自己是来办事的，最好坐在靠近房门的位置，可也不能离主位太远，适度最宜。座位与主位的远近，要由自己与顾客的亲疏关系来确定。

行为礼貌的问题远远不止以上这一些，但从以上这几种行为礼貌中，我们便可以对行为礼貌的重要性有所了解。

穿着得体是尊重更是自重

在场面上，良好的着装直接反映一个人的修养，同时也是人际交往中相互尊重的一种重要的形式。这种形式能给对方留下极好的印象。如果你能给对方留下一个良好的印象，这将意味着你已成功了一半。

我们不妨先看一个简单的例子：曾经有一位非常节俭的大学教授去香港讲学，因为是第一次去香港，所以临走前特意买了一双凉鞋，而且又花几百元买了一套灰色的西服，觉得自己挺像样子了。可是到了香港，朋友非要拉着他去商店看看。他在心里计算了一下："兜里就1000港币，去商店干啥？"可是朋友提出来了，又不好意思失去这个面子，就勉强和朋友去了商店。一进商店朋友就拿过标价两三千元的西服，无论如何让他得试试；接着又走到卖鞋的柜台前让他试鞋。他再一看皮鞋的标价是一千多元，就连连说太贵了、太贵了。朋友也不吱声只是笑。后来回到宾馆还不到二十分钟，商店就派人把西服和皮鞋都送来了，另外还拿来一瓶香水。这时朋友让他把衣服换上，还说："今天晚上有很多香港老板，前来听你讲学，人家还不知道你有没有水平，但是看你这套衣服就知道你是什么层次的人物。"最后这位教授的形象和讲课内容，都得到了所有听众的一致好评。

可见，与人接触，光有学术水平还不行，还必须要讲礼仪。良好的着装礼仪容易促使我们最终所要达到的目的。

具体来说，在场面上混，一定要根据不同的场合选择不同的着装，进而穿出男人的高雅、穿出女人的风韵，最终给对方留下一个良好的印象。切不可自己想怎么穿就怎么穿。具体应注意以下两点：

着装要区分场合

作为一名男士，如果你为了一件非常重要的事情，与对方在公共的场合见面，不管天气多热也应穿西装。西装表示郑重其事；但如果是周末，去农贸市场买菜，一般人不会穿西装，穿西装打领带去买菜的唯一作用可能是使菜价因此对你上涨80%。

从礼仪的角度讲，服饰要求因场合而换。工作场合的着装一般强调庄重保守。大公司、大企业出来的人跟一般人不一样，天气不管热不热，套装、套裙，制式皮鞋。男士制式皮鞋一般是黑色皮鞋；女士制式皮鞋，一般是高跟或者半高跟的船形皮鞋。这不是为了好看，而是因为那是规矩。

其次，如果你与对方是处在宴会、舞会、音乐会、社交聚会等社交场合，由于这些场合强调时尚个性，因此你穿时装、穿礼服是最为得体的。假如你在宴会上穿着制服就不大合适了，有点煞有介事。

最后一个场合是休闲。休闲场合指的是个人自由活动。逛大街、遛公园、外出旅游诸如此类。休闲场合着装要求舒适自然，只要不触犯法律，只要不违背伦理道德，任其自然。

着装要注意扬长避短

当我们有求于人的时候，其最终的目的是办事有成。所以，你给对方的第一印象是至关重要的。为了给对方留下好感，在着装上一定要学会扬长避短。

例如，如果你是一个脖子比较短的人，就不要穿高领衫，否则显得没脖子了。可穿U领或者V领的服装，露出一段胸部，显得脖子较长。穿服装，要使对方从你的着装看出你的内涵；同时，使对方有想与你交往的意识。比如，对于腰部比较粗的女士来说，就不要穿露肚脐的服装，否则会露出一些赘肉。对于腿长得比较粗短的人，不到万不得已不要穿紧身装、超短裙。

人人都在讲究美，那什么是美呢？实际上美在于含蓄。从服饰美学的角度来讲，美是一种距离，若隐若现，令人家浮想联翩；而一览无余，则索然寡味。

总之，着装是人际交往中相互尊重的一种至关重要的形式。无论是自己办事，还是求人办事都起着不可忽视的作用。所以，为人处世在场面上混，自己的着装必须严格遵守规范，给对方留下良好的印象。千万不可随意而为，自作主张，以免穿着不合适，闹出笑话。千万不要因一个小小的疏忽，最终导致把事办砸。

精气神里的小学问

关于脸的问题，我们不妨首先试想一个简单的问题：假如有一个满脸横肉、愁眉不展、眼神呆滞的人站在你的面前，你是不是很喜欢和他谈话？是不是很心甘情愿地跟他相处呢？其答案就是一个字："否"。这就足以说明脸部表情在场面上的重要性。

所以说，不管什么场面什么场合，一定要有合适的面部表情，学会用适当的眼神传达思想感情，这样才能把自己最好的一面展示给大家。

[要常常面带微笑]

微笑具有强大的亲和力。我们已经在前面专门讲过，因为它是面部表情最重要的一项。我们这里再举一个例子来说明它的重要性。

美国有一位美学家曾经说过这样一句话：在大千世界万事万物中，人是最美的；在人的千姿百态的言行举止中，微笑是最美的。正如公关人员的内心喜怒应不形于色，表情要安详，以发自内心的真诚友好的微笑为主要表情一样。

20世纪中后期，一位美国人竞选美国总统取得成功。舆论界认为，他的成功，在很大程度上取决于他得体的微笑；若论社会背景、资历、从政经验等方面，这位农民出身的竞选者绝对不如当时争取连任的在任总统。但他却重金聘请了公关顾问，顾问们发现"××事件"后的美国需要一位"诚实"、"谦和"的总统形象，于是，建议他在准备纯洁、诚实、高尚、公正情调的竞选演说的同时，顾问们还仔细地研究了这位竞选者的笑。

本来，这位竞选者在美国政坛是素以"露齿微笑做商标"的，但顾问们发现，露齿而笑易产生虚浮、骄傲、伪笑之嫌。于是，他们对这位竞选者说：“只有当你双唇收紧、微露下齿，给人一种谦逊真诚的印象时，才笑得最好，才符合选民的期待。”

这位竞选者虚怀若谷、从谏如流，闭门对镜苦练，终于为选民们塑造出了满意的新总统形象，为自己成功地出任美国总统做了一件十分重要的礼仪工作和公关工作。或者说，某种程度上是适当的微笑帮助他获得了总统宝座。

[要用善意的眼神]

我们在办事的过程中，除了用嘴说以外，还应注意用眼传达思想感情，在不同场合面对不同对象应有不同的注视区间。应设身处地地站在说话者的角度，用适当的表情与语言，表现理解与专注，形成一定的交谈呼应，进而使对方觉得你是他值得帮助的人，以促自己成功。

例如，人们常常用美丽、温和的眼神，来表达友好和善意；用双目圆睁、烈火般的眼神表达内心的愤恨；用脉脉含情的眼神表达爱恋；用楚楚动人的眼神表达喜爱；用轻蔑傲慢的眼神表现自负；用闪光、明亮的眼神表现智慧、灵气；用坚定的眼神表现无畏坦诚，等等。

一个人目光炯炯有神、熠熠生辉，表明他心境愉快，信心十足，值得信任；相反，一个人愁眉不展，眼神呆滞，说明他缺乏自信，精神颓废，只会让对方产生反感。这样，又何以求对方呢?

当我们有求于人的时候，用目光注意对方是一种起码的礼仪要求；能用目光随着谈话内容的发展而变化，是这种礼仪的延伸。

用目光注视对方时，应是自然、稳重、柔和的，而不能死死盯住对方的某一部位，或不停地在对方身上“扫射”。否则对方就会认为你是一个不值得信任的人，等等。

如果，当你的目光与对方的目光出现对视的情况时，这时你最好稳重一点，不要惊慌，也不必躲闪，自然地让其对视一下，然后再缓缓移开去，就可以了。那种一触及对方目光就慌忙移开的做法是拘谨、小气的表现，会影响谈话的正常进行，引起对方猜疑，也是很不礼貌的。

总而言之，在场面上，一定要注意自己的脸部表情，进而促使对方对你产生好感，这样才会尽力帮你办事。

握手礼仪

握手最早始于远古时代，在场面上，它已经成为最普遍的礼节。初次见面，适当的握手时间与力度，会让人有股舒服亲切的感受。美国著名盲人女作家海伦·凯勒曾说过这样一句话：“我接触过的手，虽然无言，却极有表现性。有的人握手能拒人千里……我握着冷冰冰的手指，就像和凛冽的北风握手一样。而有些人的手却充满阳光，他们握住你的手，使你感到温暖……”既然握手是彼此间增进感情的一个重要礼节，那么，我们在办事的过程中，千万不可忽视握手时的常规礼仪。

[握手的方式]

无论你与对方是初次见面，还是熟人久别重逢，告辞或送行时都可以握手表示自己的善意，这也是最常见的。有些特殊场合，比如，当你向对方表示祝贺、感谢等的时候；当你与对方交谈的过程中出现了令人满意的共同点时；或者是当你与对方事前的一些矛盾出现了某种良好的转机或彻底和解时……习惯上也以握手为礼。握手时，距对方约一步远，上身稍向前倾，两足立正，伸出右手，四指并拢，虎口相交，拇指张开下滑，向受礼者握手。但是，在现实生活中，常常会有这样一种的握手姿势：掌心向下握住对方的手，显示着出一种强烈的支配欲。这会无声地告诉别人，他处于高人一等的地位。所以，当我们有求于人的时候，应尽量避免这种傲慢无礼的握手方式。相反，我们应掌心向里地向对方握手，进而显示你对对方的恭敬。如果伸出双手，更是谦恭备至了。

此外，戴着手套握手是失礼行为。但是，女士可以例外。当然，在严寒的室外也可以不脱。比如，双方都戴着手套、帽子，这时一般也应先说声：“对不起。”握手时双方互相注视，微笑、问候、致意，不要看第三者或显得心不在焉，进而以你对对方的尊重来换取对方对你的好感。

[握手的时间以及力度]

握手时不要太用力，也不要漫不经心地用手指尖如“蜻蜓点水”似地点一下，这样都会显示出你的无礼。其握手的时间一般是控制在三五秒钟以内。如果时间过短，两手一碰就分开，只会让对方觉得你在走过场，并对对方怀有戒意。这样又怎么能博得对方的好感呢？

如果你想表示你对对方的真诚和热烈，也可较长时间握手，并上下摇晃几下。值得注意的一点就是异性或初次见面者除外。否则，只会显得你有些虚情假意，甚至会被对方怀疑为“想占便宜”，等等。

[握手应注意一些细节]

当你握手的对方的人数较多，你可以只跟相近的几个人握手，向其他人点头示意，或微微鞠躬就行。如果为了避免尴尬场面发生，在主动和人握手之前，你应想一想自己是否受对方欢迎，如果已察觉对方没有要握手的意思，点头致意就行了。

当你在一些公共场合与对方握手时，其伸手的先后次序主要取决于职位、身份。而在社交、休闲场合，它主要取决于年龄、性别、婚否。

但是，如果对方正是你所接待的客人时，这一问题变得特殊一些：当客人抵达时，作为主人的你应首先伸出手来与客人相握。而在客人告辞时，就应由对方首先伸出手来与你相握。前者是表示“欢迎”，后者就表示“再见”。这一次序颠倒，很容易让对方发生误解。

另外，应当强调的一点是，上述握手时的先后次序不必处处苛求于人。如果自己是尊者或长者、上级，而位卑者、年轻者或下级抢先伸手时，最得体的做法就是立即伸出自己的手，进行配合。而不要置之不理，使对方当场出丑。

总之，在场面上，一定要掌握握手的常规礼仪。见面握手三分情，热情地、真诚地、紧紧地握着对方的手，把自己的力量、诚意展现并传递给对方，促使对方感受你的真诚，可能就会更耐心地帮你办事。

举手投足间 传递大方之态

仪态无时不存在于你的举手投足之间，是你是否有教养，是否充满自信的一种表达。如果你以良好的仪态来与对方交流，定会给对方留下一个好的印象，为自己成功的为人处世奠定良好的基础。

良好的仪态主要是体现在人的基本体姿。而人的基本体姿又可分为站姿、走姿、坐姿和卧姿四大类。我们在办事的过程中，通常呈现在对方面前的是坐、站、走三类。在这三大类的基础上，还可以衍生出其他许多具体不同的体姿和仪态。

不同的体姿具有不同的含义；相同的体姿也往往具有不同的含义。公关人员不仅应当养成良好的体姿、仪态，给公众以良好的体态视觉；而且，应善于从他人的各种具体的体姿、仪态中了解对方的真实思想轨迹。

[坐姿]

动态的美能扣人心弦，静态的美也能令人心动。坐姿文雅，坐得端庄，不仅给人以沉着、稳重、冷静的感觉，进而使对方对你有好感，同时，也能使得对方因此而信任你。为此，要想求人有成，就必须掌握良好的坐姿。具体来说，可以注意以下几点：

1.人体重心垂直向下，腰部挺直，上身正直。

2.双膝应并拢或微微分开，并视情况向一侧倾斜；女士入座后，双脚必须靠拢，脚跟也靠紧。

3.双脚并齐，手自然放在双膝上或椅子扶手上。

4.款款走到座位前。如果是从椅子后面靠近椅子，应从椅子左边走到座位前。

5.背向椅子，右脚稍向后撤，使腿肚贴到椅子边；上体正直，轻稳坐下。女士入座时，应清理一下裙边，将裙子后片向前拢一下，以显得端庄娴雅。

6.在可能时，可后于别人交叠双腿，女子一般不要架腿。

[站姿]

一位在任何场合下，能受对方欢迎的人，最重要的是要具备正确的站立姿态。因为站姿是我们日常生活中正式或非正式场合中第一个引人注视的姿势。优美、典雅的站姿是气质美的起点和基础。良好的站姿能衬托出美好的气质和风度，等等。为此，我们一定要掌握站姿的基本要点：挺直、均衡、灵活。具体地讲，良好的站姿主要表现在以下几个方面：

1.平肩，直颈，下颌微向后收；两眼平视，精神饱满，面带微笑。

2.直立，挺胸，收腹，略为收臀。

3.两臂自然下垂，手指自然弯曲；两手亦可在体前交叉，一般是右手放在左手上。肘部应略向外张。男性在必要时可单手或双手背于背后。

4.两腿要直，膝盖放松，大腿稍收紧上提；身体重心落于前脚掌。

5.上体保持标准站姿。

6.双脚分开，与肩同宽。

7.站累时，脚可向后撤半步，但上体仍须保持正直。

8.将左脚收回，与右脚成垂直，左脚跟在右脚跟前面，两脚间有少许空间。

9.右脚向后撤半步。

10.身体重心交给右脚。

男子站立时，双脚可微微张开，但不能超过肩宽。

女性在必要时，特别是单独在公众面前或登台展现时，特别应注意站姿。

女子站立时，脚应呈“V”形，膝和脚后跟应靠紧，身体重心应尽量提高。

[走姿]

走姿是站姿的延续动作，是在站姿的基础上展示人的动态美的极好手段。无论是在对方的办公室中，还是在一些公共场合中，你的走路都是“有目共睹”的肢体语言，往往最能表现你的风度、风采和韵味。有良好走姿的人，会更显示青春活力。优美的走姿会使身体各部分都散发出迷人的魅力，进而给对方留下深刻的印象。所以，你要抓住走路的基本要点：从容、平稳、直线。

具体来讲，要想博得对方的好感，就应该注意以下几点：

1.步伐稳健，步履自然；要有节奏感。女性穿裙子时，裙子的下摆与脚的动作应力求表现出韵律感。

2.身体重心稍稍向前。

3.上体正直，抬头，下巴与地面平行，两眼平视前方，精神饱满，面带微笑。

4.两手前后自然协调摆动，手臂与身体的夹角一般在10° ~15° 。

5.跨步均匀，两脚之间相距约一只脚到一只半脚。

6.迈步时，脚尖可微微分开，但脚尖脚跟应与前进方向近乎一条直线，避免“外八字”或“内八字”迈步。

7.走路要用腰力，因此，腰要适当收紧。

8.上下楼梯，上体要直，脚步要轻，要平稳；一般不要手扶栏杆。

在办事的过程中，人的感情流露和交流往往借助于人体的各种姿态去体现，这就是我们常说的“肢体语言”。许多时候，适当的肢体语言往往比口若悬河更有效。人要培养良好的仪态，不妨就从自己的站姿、走姿、坐姿三方面做起。但这并不是一朝一夕的工夫，所谓“冰冻三尺，非一日之寒”。只有在日常生活中时时注意纠正不正确的姿势，养成良好的仪态，才可以在任何场合都一展风华，令人羡慕和称赞。

注意场合，入乡随俗

每个人都有自己不同的喜好和做事风格，因此，在场面上与不同的人接触时，首先要在最短的时间内捕捉这些信息，对对方的特征了然于胸，然后随机应变，赢得对方好感，促使事情顺利进行。这就是所谓的“到什么山头唱什么歌”。主要是指两方面的内容：一是说话要注意场合，二是要入乡随俗。

说话看场合，常有以下几种情形：

1. 内部场合和外部场合

我国传统文化一向是重视内外有别的。对自己人“关起门来谈话”，可以无话不谈，甚至可以说些放肆的话，什么事都好办。而对外边的人，总怀有戒心，“逢人只说三分话，不可全抛一片心”，办事嘛，一般是公事公办。因此，遵循内外有别的谈话方式，便被认为是得体的，违背这一方式，便被认为是“乱放炮”，说话不得体了。

2. 正式场合与非正式场合

正式场合说话应严肃认真，事先要有所准备，不能乱扯一气。非正式场合下，便可随便一些，像聊家常一样，这样便于感情交流，把事情谈深谈透。有些人说话文绉绉，有人讲话俗不可耐，产生这一差别的原因就是没有把握正式场合与非正式场合的界限。

3. 庄重场合与随便场合

“我特地来看你”，显得很庄重；“我顺便来看你”，有点随随便便看你来了的意思，可以减轻对方负担。可是，在庄重的场合说“我顺便来看你”就显得不够认真、严肃，会给听话者蒙上一层阴影。在日常生活中，明明是“顺便来看你来了”，偏偏说成是“特地看你来了”，有些小题大做，让对方感到紧张。

4. 喜庆场合与悲痛场合

一般地说，说话应与场合中的气氛相协调。在别人办喜事时，千万不要说悲伤的话；在人家悲痛时，你逗这个小孩玩，逗那个小孩玩，说些逗乐的话，甚至哼哼民歌小调，别人就会说你这人太不懂事了。某地有个老太太死在家里，亲属围在一起商量后事。老太太生前嘱咐土葬，但土葬有点不现实，于是大家七嘴八舌，发表个人的看法。只听老太太的孙子说："这么办吧，老太太死了不是埋掉就是烧掉。现在尸体放在家里，人来人往的，总不是个事，我看烧掉得啦，又省钱又省事。"这番话令大家听了十分恼火，可是骂不得打不得，那场合不是教训年轻人的场合。如果这个二十刚出头的孙子会说话，他会选择一些适合这种场合和气氛的话来说，他可以这么说："奶奶走了，我心里很难过。现在，遗体放在屋里，得赶紧料理。奶奶生前有土葬的愿望，可土葬又不可能，我看还是赶紧安排火化好。我是晚辈，说给大家考虑，大主意还是请伯伯婶婶拿定。"

5. 适宜多说的场合与适宜少说的场合

如果对方很忙，时间很紧，跟人家说事情就得简明扼要。如果谈笑风生，海阔天空，虽然主观愿望是好的，但不符合客观要求，效果是不会好的。失火了，你看见后应该立即呼唤救火，等火被扑灭后，再向警方报告你是如何发现可疑线索的。如果先跑过去向警方慢条斯理报告失火的原因，等把失火的原因报告完，火势早已蔓延开来了。

风俗禁忌记于心

“入国问禁，入乡随俗”是指每到一地得先了解那里的禁忌和尊重那里的风俗，此话源于《礼记·曲礼上》：“入境而问禁，入国而问俗，入乡而问讳。”

中国是一个很讲忌讳的国度，凡是遇到忌讳的词儿，就要想办法把它变一变，用别的词儿来代替，这就叫避讳。大年初一也有许多忌讳，如不能说病、死、破、败等不吉利的字眼。假如小孩不懂说出了口，大人就用手纸去擦一下小孩的嘴巴，表示小孩的嘴巴是同屁股一样贱的，虽然说错，但已擦干净了，所谓“童言无忌”嘛。民间流传着一个“巧媳妇”的故事：从前，有个王九，他有个聪明乖巧的儿媳妇。有一天，王九的两个朋友张九和李九，一个提着一壶酒，一个拿着一把韭菜，去请王九喝酒。偏巧王九不在家，只好请王九的儿媳妇转达他们的邀请。王九回来后，儿媳妇对公公说：“张三三，李四五，一个提着连盅数，一个拿着马莲菜，来请公公赴宴席。”这位巧媳妇巧妙地把与公公名字(九)同音的字一一作了改变，既正确转达了意思，又避免了公公名讳，堪为精通避讳之道矣。

为什么民间会存在风俗禁忌呢？这里有些是自然环境的影响，有些是社会制度的制约，经过长期经验的积累而形成、遗传下来的。比如，对封建帝王及官僚士大夫的名字的避讳。东晋人为避晋文帝司马昭讳，硬把汉代的王昭君改名为王明君，把汉人制作的《昭君》曲改为《明君》曲。唐人为避唐高祖李渊讳，又把东晋的陶渊明改名为陶泉明：为避武则天(名空，即照)讳，人们不得不去掉四点，将南北宋代的诗人鲍照改为鲍昭。民间有句俗话叫做“只许州官放火，不准百姓点灯”，据庄季裕《鸡肋编》载，此语实与避讳有关：“世有自讳其名者。如田登在至和(宋仁宗年号)年间，为南宫留守。上元，有司举故事呈禀，乃判状云：‘依例放火三日。’故此为言官所攻而罢。”这位田登避讳竟避到白己头上来了，因为自己名“登”，故特令上元节老百姓举行灯会时，不能叫“放灯”(灯与登音同)，而只能叫“放火”。批准“放火三日”，这不成了纵火教唆犯了？南宫留守因此被弹劾罢官，实在是活该。

现如今，随着社会物质文明与精神文明的发展，旧时代的风俗禁忌日益消逝，但作为残余尚有余绪。至于那些由自然环境的制约而形成的风俗禁忌，还将长期存在。因此，在现代跨行业、跨地区、跨国际的人际交往中，我们应尊重民族风俗习惯，尽量避免触及他国、他地、他人的种种禁忌。

避免当众说出某些“不雅”的名词。现实生活中某些现象，一种是人们怯于出现的，如“死”、“葬”、“聋”、“哑”、“瞎”、“瘸”等；一种是羞于看见的，如“拉屎”、“撒尿”、“月经”、“怀孕”、“生殖器”等，本来是正常的生理现象，既非“雅”，也非“不雅”。但正由于这是人们怯于出现、羞于看见的现象，所以无论中外都很不喜欢直说。于是，各式各样的替代语出现了。比如，“拉屎”、“撒尿”，听起来很粗俗，所以人们在日常生活中改称为“解手”、“大便”、“小便”、“上厕所”，文言叫“如厕”。但提到“厕所”也不见怎么“雅”。在现代社会里，一些“文明”的雅士，他明明出去“小便”，却诡称“我出去一下”，没有明白地告诉你到哪里去，可你心里明白了，因为说的人怕说出了不“雅”；或者说“我到洗手间去一下”，其实他的目的不在洗手。男性在女性面前要说话“雅”些，以免显得“粗鲁”，而女性自己以身作则，说起话来力求其“雅”——这就是现代社会生活的一种方式。有些职业女性有时说“我打个电话就来”，你别以为她真的去打电话，其实是到那个不“雅”的地方去了。

避免探问他人的隐私。每个人生活里很难避免一些个人的隐私，有些已经成为众所周知的注意事项，你若是莽撞地询问，就是犯了忌讳，不免被视为不识大体。比如，矮子面前不说“短”话；麻子面前不提芝麻；情人面前不赞美女；在久婚没孩子的夫妻面前，你千万别劈头便问：“怎么还不生孩子？”

避免触及他国、他地、他人风俗禁忌的事项很多，日常生活中，几乎无时不有，无所不在。这里引用犹太法典中的几个“范例”，也许有点普遍的借鉴意义：

不要赤裸着身体，当别人都穿上衣服的时候；

不要穿衣服，当别人都赤裸着身体的时候；

不要站着，当别人都坐着的时候；

不要坐着，当别人都站着的时候；

不要笑，当别人都哭的时候；

不要哭，当别人都笑的时候。

只有注意了说话场合，知道不同地方的风俗禁忌，办起事来才能得心应手。

礼尚往来有门道

常听人说“有礼走遍天下”，此处之“礼”，并不全是礼貌之“礼”，还有礼物之“礼”的意思。我们的传统文化历来讲究礼尚往来，想要立足于世，再清高的人也逃不过这个环节。

送礼可不是随便买点东西送出去就完事了，这绝对是个技术活儿，其中的学问很值得初入社会单纯的年轻人把玩一番。

首先是要根据送礼对象身份背景的不同而选择不同的礼物。传统的、宗教的、人情的都要小心分别对待。有时候你一份辛辛苦苦寻觅的礼物，却因为触犯他的禁忌，而让对方不悦甚至生气，那岂不冤枉！因此送礼应该讲究一些方法，才不至于发生费力不讨好的事情。

礼轻情谊重，不要送贵重的东西送给不熟悉的朋友，对方会觉得还不了这个人情，甚至怀疑你别有所图。对交情不够深的朋友，最好不要送一些有暗示性的礼物，如贴身衣物、领带。前者，适用于亲密关系的朋友；后者则会让人误以为你对他有男女方面的用意，以后见面它会感到很尴尬。送给公务员朋友、老师的礼，最好不要太贵重，或者，送礼时最好直接送到对方居所，不要在工作场所赠礼，以免有“贿赂他人”之嫌。切莫送一些会刺激别人感受或禁忌的东西。例如钟或伞，老一辈的长者就不太喜欢。

有一天小刘去一位退休多年的老教授家做客，但是不知道买些什么礼物才恰当，送些吃的吧，显得太寒酸，其他的一些小玩意儿又拿不出手。正在发愁的时候，他突然看见一家钟表店里有一座非常古典的钟表，钟表上的雕刻很是精细，是一些古代人物和田园风景，生动地反映出一些历史画面，小刘心想，老教授是研究历史的，送这个古朴的东西他一定会喜欢。但是，他没有想到当老教授看到这件礼物的时候，脸色一下子沉了下来，而且接下来的谈话气氛也很紧张。弄得小刘一头雾水，不知哪里触犯了教授，后来才知道，“送钟”有“送终”的谐音，年纪大的人都很忌讳。

送礼最不宜在公开场合赠送。有一次李涛知道他的老师生病了，下课后就买了礼物，在教室里送给老师，但是觉得老师接受得很勉强。后来明白，那种场合送礼很不适宜，送礼应该注意时间、地点。老师不收这礼吧，表示对学生不尊重；拿了吧，意味着老师暗示学生要向老师送礼。而且通常情况下，当众只给一群人中的某一个人赠礼是不合适的。因为受礼人会有受贿和受愚弄之感，而且会使没有受礼的人有受冷落和受轻视之感。只有礼轻情义重的特殊礼物，表达特殊情感的礼物，才适宜在大庭广众面前赠送。因为这时公众已变成你们真挚友情的见证人。

送礼切忌随便包装。送给他人的礼品，尤其是在正式场合送人的礼品，一般都应认真地进行包装。即用专门的纸张包裹礼品，或是把礼品装入特制的盒子、瓶子之内。包装礼品，既要量力而行，又要反对华而不实。进行包装时，要讲究材料、包封、图像以及捆扎、包裹的具体方式。赠送礼品不仅要慎重选择礼品，更需要考虑送礼的时机，也就是什么时候送礼。一般情况下集中在重大传统节日，如春节、元旦等，此外，交往对象遇到困难、挫折，身处逆境时，也可以赠送礼物以表示慰问或鼓励。送礼还需要注意场合，尤其是在商务活动中，如果是公司的同事退休，通常由部门或者公司提供统一的礼物，或者大家集资购买礼物，没有特殊的原因最好不单独赠送礼物，以免造成不便，引发尴尬。